Die Technik des Konstruierens

Von

Prof. Dipl.-Ing. Dr. techn. H. Wögerbauer

Vorstand des Lehrstuhles und der Institute für Feingerätebau
und Getriebekonstruktion der Techn. Hochschule München

2. Auflage

Mit 70 Bildern

München und Berlin 1943

Verlag von R. Oldenbourg

Vorwort zur zweiten Auflage

Der im letzten Jahrzehnt ins Vielfache vergrößerte Anfall an konstruktiven Aufgaben hat ein überaus rasches Anwachsen der Zahl der konstruktiv Tätigen zur Folge gehabt. Da Ingenieurnachwuchs nicht im erforderlichen Maße zur Verfügung war, mußten diese aus den verschiedensten technischen und weitgehend auch aus nichttechnischen Kreisen gewonnen werden. Der notwendige Soforteinsatz ohne vorhergehende ausreichend gründliche Ausbildung macht nunmehr eine Hebung des Pegels der Technik des Konstruierens notwendig, um trotz der so stark gesteigerten Zahl der Aufgaben und trotz deren weit höheren Schwierigkeitsgrades infolge Auftretens für viele Betriebe ganz neuartiger konstruktiver Gesichtspunkte eine noch höhere Güte der einzelnen Konstruktion zu erreichen als bisher.

Für Hilfsmittel, welche zur Verbreitung und Vertiefung konstruktiven Wissens beitragen können, ist schon zur Zeit der ersten Auflage dieser Schrift ein starkes Bedürfnis zu erkennen gewesen. Dieses war es auch, was als Antrieb wirkte, die vorliegende Arbeit überhaupt in Angriff zu nehmen. Daß dieses Bedürfnis aber bei weitem unterschätzt worden ist, zeigt die Tatsache, daß das Buch trotz einer für technische Werke hohen Auflage innerhalb von zwei Monaten vollständig vergriffen war. Vorbestellungen auf die nächste Auflage brachten diese restlos in feste Hand, ehe sie zum Druck kam. Wird berücksichtigt, daß diese Auflagen ohne die geringste Werbung und ohne Hinweis im technischen Fachschrifttum in so kurzer Zeit von der Praxis geradezu aufgesogen wurden, dann kann die Dringlichkeit des Bedarfes der Industrie an solchen Hilfen kaum mehr überschätzt werden.

Es war ursprünglich — dem Denken des Konstruktionsingenieurs entsprechend — geplant, ehe an den Druck einer zweiten verbesserten Auflage geschritten würde, erst die Bewährung des in so vieler Hinsicht neuartigen Buches in der Praxis abzuwarten. Die Notwendigkeit des schnellen Neudruckes ließ diesen Weg nicht bis zu Ende gehen. Immerhin war es namhaften Fachleuten bis jetzt schon möglich, über das ihnen zur Begutachtung zugestellte Buch ihre Meinung zu äußern. Ihr Urteil war — so verschieden diese Männer als psychologische und konstruktive Typen sind und so grundverschieden auch ihre engeren Fachrichtungen sind — einheitlich darin, daß in der vorliegenden Schrift die notwendige Richtung eingeschlagen ist. Ihre Vorschläge zum weiteren Ausbau finden sich in dieser Auflage bereits verarbeitet. Außer den genannten wurden in dieser Auflage auch noch solche Ergänzungen gebracht, welche vom Verfasser selbst schon bei Abschluß des Manuskriptes zur ersten Auflage geplant waren, aus drucktechnischen Gründen aber keine Aufnahme mehr finden konnten. Schließlich wurden auch Korrekturen angebracht, welche auf Grund in der Zwischenzeit erworbener Erfahrungen als zweckmäßig betrachtet werden müssen. Wie jede technische Konstruktion kann auch diese geistige Konstruktion der »Technik des Konstruierens« nur allmählich zur Vollkommenheit reifen; aber auch in ihren Entwicklungslösungen wird sie wie diese bereits wertvolle Dienste leisten.

Die Erkenntnis der Notwendigkeit einer wissenschaftlichen Behandlung des Konstruierens ist zwar noch nicht überall vorhanden, sie bricht sich aber immer mehr Bahn. Hoffen wir, daß sich die Zahl der »Theoretiker« des Konstruierens, auf welche die Industrie seit hundert Jahren vergeblich wartet, nunmehr rasch vergrößern wird und daß die von ihnen gewonnenen Ergebnisse bald selbstverständliche Grundlagen der Ingenieur-Ausbildung sein werden. Unser zielbewußtes Vorgehen auf allen anderen Gebieten der Technik gestattet es nicht länger, uns auf diesem Gebiete auch weiterhin der uns wesensfremden Führung durch den Zufall zu unterwerfen.

Die Konstruktionsingenieure an führender Stelle der deutschen Industrie sowie die Vertreter der Behörden, des Vereins deutscher Ingenieure und der technischen Wissenschaft, welche trotz einer fast untragbaren Überlastung mit Tagesarbeit das Buch einer gründlichen Durchsicht unterzogen haben, erfüllten nicht etwa eine Pflicht der Höflichkeit; sie wissen, was dieses Problem für unsere Zukunft bedeutet. Ihre Namen werden, um auch dieser Auflage eine völlig unbeeinflußte Kritik zu sichern, erst in einem späteren Zeitpunkt genannt werden.

München, im August 1942.

Der Verfasser.

Inhaltsverzeichnis

Einleitung

Jede oftmals auf das gleiche Ziel gerichtete menschliche Tätigkeit läßt eine Technik entstehen. Es ist dies das Können, bewußt oder unbewußt jene Maßnahmen zu ergreifen, welche nötig sind, um dieses Ziel möglichst vollkommen und mit dem geringsten Aufwand an Kräften und Mitteln zu erreichen.

Die Technik des Konstruierens besteht in dem Können, die Betriebsanforderungen des die Konstruktion Gebrauchenden und die Verwirklichungsmöglichkeiten, welche Wissenschaft und Werkstatt bieten, lebhaft vorzustellen, Gedanken aus diesen beiden Gedankengruppen rasch. zu verbinden und die Brauchbarkeit dieser Gedankenverbindungen sicher zu beurteilen.

Jede Technik — im Sinne eines Könnens — kann auch ohne Schule durch ausschließlich eigene Erfahrungen gewonnen werden. Der Weg zur Vollendung ist um so länger und um so mühevoller, je schwerer es ist, in den auftretenden Aufgaben bis zu den Grundursachen durchzublicken und je mehr Einzelaufgaben zu einer Gesamtaufgabe, der »Aufgabe« kurzhin vergesellschaftet sind. Die Technik des Konstruierens ist auf vielen Gebieten so schwierig, daß ohne besondere auch theoretisch fördernde planmäßige Ausbildung bis zu ihrer Beherrschung mit einem Jahrzehnt gerechnet wird.

Die Zeit des Reifens zum selbständig Konstruierenden kann aber abgekürzt werden, wenn die zur Erreichung einer guten konstruktiven Lösung notwendigen Maßnahmen und Überlegungen aus den Erfahrungen anderer in geeigneter Form kennengelernt werden. Solche Erfahrungen sind aufnehmbar und fruchtbar, wenn sie zu einem logischen System verbunden mitgeteilt werden, wodurch sie über den Einzelfall hinaus als Richtlinien für andere Fälle wirksam werden können.

Das Aufbauen des eigenen Könnens auf leicht einsehbaren und wohl begründeten Erfahrungen, die an anderer Stelle gewonnen wurden, die Inanspruchnahme der Hilfe einer Technik

des Konstruierens wird immer mehr zur Notwendigkeit, je
schneller sich die Anforderungen, Baustoffe und Herstellverfahren weiter entwickeln und je mehr Menschen sich über konstruktive Fragen verständigen müssen. Konstruktiv-metho-
dische Regeln sind daher nicht nur eine Voraussetzung zum
Erlernen der Anfangsgründe des Konstruierens, sie bieten
auch Betrieben niedrigerer Entwicklungsstufe die Möglichkeit, fehlerfreie Konstruktionen zu schaffen und damit
zumindest in den Konstruktionen eine höhere Entwicklungsstufe zu erreichen. Ohne Vergrößerung der Mitarbeiteranzahl
und ohne Änderung des Werkzeugmaschinenparks kann auf
diese Weise die Leistungsfähigkeit der Betriebe gesteigert
werden. Daß der volkswirtschaftlich richtige Einsatz der Baustoffe nur durch Beachtung gewisser konstruktiver Regeln
in jeder Hinsicht einwandfrei erzielt werden kann, bedarf
keiner weiteren Erläuterung.

Selbstverständlich ist eine Hilfeleistung durch Regeln
nicht in der Weise zweckmäßig, daß sich der praktisch Konstruierende bei seiner Arbeit bewußt auf diese Regeln wie auf
Krücken stützt. Es ist vielmehr anzustreben, daß solche Regeln
seine Denkausrichtung bereits vor der Aufnahme selbständiger
Arbeiten ausgebildet haben und ihn bei seiner Tätigkeit unbewußt leiten können. Bei der Durchsicht der vollendeten Arbeit
wird er aber diese Regeln — gewissermaßen als unbeeinflußbare
Kritik eines anderen — bewußt zur Anwendung bringen und so
leicht zweifelhafte Stellen erkennen und verbessern können.

Auf dem Konstruieren baut sich die mechanische Industrie,
baut sich die gesamte Technik und schließlich das Leben eines
Volkes auf. Trotzdem besteht unter den heutigen technischen
Wissenschaften das Konstruieren noch nicht als selbständiges
Fach. Mangelhafte grundlagenmäßige Ausbildung der Konstruierenden hat aber zwangläufig zur Folge, daß zahlreiche
Möglichkeiten für das Vorwärtsschreiten der Entwicklung un-
genutzt bleiben und daß jene, welche Beachtung finden, bei der
Verwirklichung den Zustand der Reife langsamer erreichen als
dies der Fall sein könnte. Eine Technik des Konstruierens —
im Gegensatz zu einer von den Grundlagen an aufbauenden
Wissenschaft des Konstruierens — vermag diesen Mangel
zwar nicht gänzlich zu beseitigen, aber weitgehend zu mildern.

Sie zwingt auch zum Erkennen geistiger Lücken und sie gewährleistet damit — was nicht unterschätzt werden sollte — zumindest eine Vermeidung grober Fehler.

Die Darlegung der Technik des Konstruierens ist die Mitteilung einer geistigen Geschicklichkeit, eines Könnens. Ein solches Können ist aber unmöglich durch das Studium von Richtlinien allein — und wären sie noch so vollkommen — zu erreichen. Nur durch selbständige eigene Arbeit, durch die Lösung zahlreicher Aufgaben unter Führung durch Hinweise und Regeln gelangt man in den Besitz dieses Könnens.

Die hier behandelte Technik des Konstruierens stellt nicht etwa eine neue Theorie dar. Im Gegenteil, wertvolles, in der konstruktiven Praxis Altbewährtes, das aber meist nur im unbewußten geistigen Besitz der Ingenieure vorhanden ist, wird durch übersichtliche Ordnung zum allgemein und leicht zugänglichen Gedankengut. Neu ist also nur die wissenschaftliche Bearbeitung der durch die Praxis gegebenen Erfahrungstatsachen.

Der Entwicklung der industriellen Erzeugung und den Aufgaben der Nachwuchsschulung für die Industrie entsprechend, ist die hier vorgestellte Technik des Konstruierens vor allem auf die Konstruktion der Großfertigung zugeschnitten. In dieser ist die konstruktive Gesamtaufgabe wegen der volkswirtschaftlichen Bedeutung der großen Stückzahlen am umfangreichsten und am schwierigsten zu lösen. Alle Überlegungen der anderen Fertigungsfälle sind in diesem Rahmen mit eingeschlossen.

Die »Technik des Konstruierens« ist sowohl für den theoretisch Geschulten als auch für den Praktiker, vor allem aber für den Lehrenden geschrieben. Dabei ist besonders auch auf die Bedürfnisse der innerbetrieblichen Konstrukteurschulung Rücksicht genommen worden. Deshalb wurde in zwei Anhängen auf alle Grundlagen und auf die geistig-seelischen Voraussetzungen der Tätigkeit des Konstruierens eingegangen, was in einem Leitfaden einer Technik sonst nicht notwendig wäre.

Die geschichtliche Entwicklung des Konstruierens schließlich wurde breiter dargestellt, weil aus ihr einerseits zwanglos der schwierige Begriff der vollständigen Aufgabenstellung gewonnen werden konnte und weil sich andererseits aus ihr auch die Erklärung ergibt, warum man sich erst heute mit dem Konstruieren theoretisch befaßt.

I. Das Kraftfeld des Konstruierens

Dem Ingenieur wird häufig der Vorwurf gemacht, daß er in seinem Interesse für die technisch-physikalische und konstruktive Seite seiner Probleme sehr oft gar nicht daran denkt, daß diese Probleme ja nicht nur als Stoff für eine ihn fesselnde und begeisternde Tätigkeit gegeben wurden, sondern daß jedes dieser Probleme eine Aufgabe mit dem hohen Zweck darstellt, dem Fortschritt der Menschheit zu dienen.

Man wird zugeben müssen, daß dieser Vorwurf im allgemeinen nicht selten zu Recht erhoben wird. Ganz besonders ist es aber dem Konstruktionsingenieur unerläßlich, für die großen Zusammenhänge zwischen seiner Arbeit und den entscheidenden Faktoren des Lebens den richtigen Blick zu gewinnen. Es erscheint daher als eine notwendige Voraussetzung der Befassung mit grundsätzlichenFragenüber

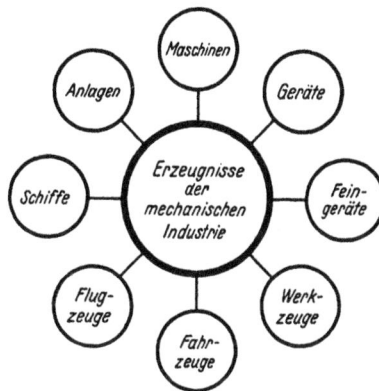

Bild 1. Die Erzeugnisgruppen der mechanischen Industrie.

das Konstruieren, sich erst einmal über den Zweck und die praktische Bedeutung des Konstruierens im Leben des Volkes sowie auch über die geistigen Antriebskräfte desselben ein Bild zu machen.

Über die praktische, also vor allem volkswirtschaftliche Bedeutung des Konstruierens kann durch eine Überschlagsrechnung mit größenordnungsmäßig vernünftigen Zahlenannahmen leicht Aufschluß verschafft werden. Das Konstruieren als die Grundlage der mechanischen Industrie umfaßt folgende Haupterzeugnisgruppen derselben (Bild 1): Maschinen, wie Dieselmotoren, Generatoren, Fräsmaschinen; Geräte, wie Kanonen, Pflüge, Hochspannungsschalter usw.; Feingeräte, wie Fernsprecher, Entfernungsmesser, Funkgeräte; Werkzeuge, wie Spritzgußformen, Schmiedegesenke, Handwerkzeuge; Fahrzeuge, wie Kraftwagen, Lokomotiven, Ackerwagen, Flugzeuge aller Art, Schiffe

für alle Zwecke; Anlagen, wie Dampfkraftwerke, Bahnen, Treib-
stoffsynthesewerke.

Wird für das Rechenbeispiel angenommen, daß in einem
gewissen Industriebereich täglich Rohstoff aus zwanzig Eisen-
bahnzügen zu je zwanzig Güterwagen mit je zwanzig Tonnen
Ladegewicht in der mechanischen Industrie verarbeitet wird,
so bedeutet dies einen Gesamtverbrauch von jährlich rund
$1^1/_2$ Millionen Tonnen Rohstoff. Gelingt es, den Konstruktionsingenieuren des Industriebereiches mit diesem Verbrauch, bei
jedem Erzeugnis gegenüber dem bisherigen Stand $1^0/_0$ an Baustoff zu sparen, so bedeutet dies einen monatlichen Minder-
verbrauch von rund 1000 Tonnen Rohstoff, also den Inhalt von
$2^1/_2$ Güterzügen des genannten Fassungsvermögens. Es ist nun
jedem konstruktiv Erfahrenen klar, daß der angenommene
Wert von $1^0/_0$ Ersparnismöglichkeit eine sehr niedrige Schätzung darstellt. In den meisten Fällen wird — abhängig von dem
bereits erreichten Entwicklungsstand — viel höher gegangen
werden können, $10^0/_0$ werden gar nicht selten erreichbar sein.

Aus dieser Überlegung ist die nur von sehr wenigen richtig
eingeschätzte Tatsache zu entnehmen, daß dem Konstruktionsingenieur die Steuerung des Baustoffstromes weitgehend in die
Hand gegeben ist. Eine Verminderung des spezifischen Ver-
brauches der Konstruktionen ist gleichbedeutend mit der
Eröffnung neuer bedeutender Rohstoffquellen. Diese Quellen
werden um so ergiebiger fließen, je höher die konstruktiven
Fähigkeiten der konstruktiv wirkenden Arbeitsträger liegen.

Der Konstruktionsingenieur besitzt durch seine vorschrei-
bende Tätigkeit in der mechanischen Industrie aber auch einen
ebenso bedeutenden steuernden Einfluß in bezug auf den
Menscheneinsatz. Wird dem obigen Vorstellungsbild eine Zahl
von fünf Millionen Arbeitsträgern zugrunde gelegt, dann kann
durch konstruktive Verbesserungen, welche insgesamt wieder
nur 1% aber diesmal an Arbeitskraft sparen lassen, bereits
ein Heer von 50 000 Arbeitsträgern für andere Arbeiten oder
zur Steigerung der Produktion frei werden.

Wird erwogen, daß eine relativ geringe Zahl von Konstruktionsingenieuren mit nur wenigen $^0/_{00}$ der Zahl der gesamten Arbeitsträger in der mechanischen Industrie durch ihre
geistige Leistung den Strom der Baustoffe und den Strom der

Menschen so weitgehend steuern kann, dann können über die Einflußmöglichkeit jedes einzelnen Konstruktionsingenieurs keine Zweifel mehr bestehen. Es bedeutet für jeden konstruktiv Tätigen den konstanten Teil seiner immer wieder wechselnden Aufgaben, immer wieder von seiner Tagesarbeit ausgehend deren Bedeutung im großen Zusammenhang, im Rahmen des gesamten Kraftfeldes des Lebens der Nation zu erwägen. Er wird erkennen, welch ungeheuren Machtfaktor er selbst darstellt und welcher fast unübersehbare Einfluß auf das Leben des Volkes in seine Hand gegeben ist. Es gibt kaum einen anderen Beruf, in dem jedem einzelnen Arbeitsträger eine solche Machtfülle eingeräumt ist. Sie ist darin begründet, daß der Konstruktionsingenieur das volkswirtschaftlich wesentlichste schöpferische Element des Volkes ist.

Diese weittragende, schicksalhafte und auch schicksalgestaltende Kraft des Konstruktionsingenieurs stellt aber an ihn selbst die höchsten charakterlichen Anforderungen. Hohe charakterliche Haltung schließt also notwendig in sich stets auch schon das Streben nach höchstem Stand an Wissen und sicherem Können ein. Das Streben nach diesen, das zum inneren und äußeren Fortschritt, zur Entwicklung führt, ist also umgekehrt ein Maßstab für die Höhe des Charakters des Mannes.

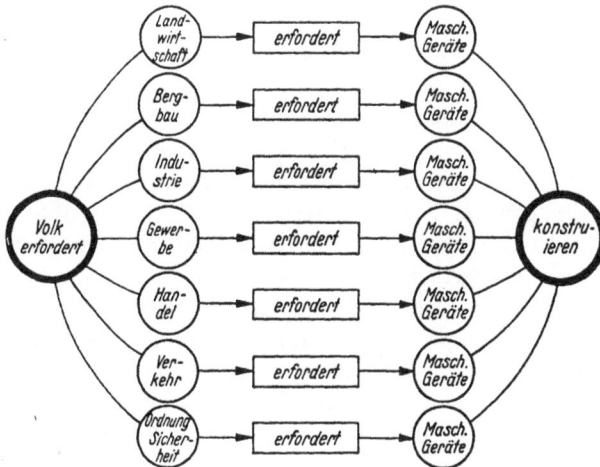

Bild 2. Das äußere Kraftfeld des Konstruierens.

Die vorstehenden Überlegungen haben uns die Bedeutung des Konstruierens im ganzen, als volkswirtschaftlichen Faktor gesehen, dargetan. Betrachten wir nunmehr die einzelnen Bereiche des Lebens, in welche das Konstruieren eingreift (Bild 2), so sehen wir, daß es heute kein Tätigkeitsgebiet des Menschen mehr gibt, welches mechanische Konstruktionen entbehren könnte. Damit wir leben können, brauchen wir Landwirtschaft, Bergbau, Industrie, Gewerbe, Handel, Verkehr, Ordnung und Sicherheit und zahlreiche weitere Gebiete, die sich unmittelbar wieder auf die genannten stützen. Damit aus diesen Tätigkeitsgebieten für das Leben des Volkes fruchtbare Ergebnisse erwachsen können, erfordern sie alle das Vorhandensein von Maschinen, Geräten, Werkzeugen usw. (vgl. Bild 1). Um diese im ganzen unübersehbare Zahl einzelner Konstruktionen zu schaffen, ist eben das Konstruieren notwendig.

Bei der Betrachtung des Zusammenhanges der wichtigsten Tätigkeitsgebiete des Menschen mit dem Konstruieren (Bild 2) drängt sich die Ähnlichkeit mit dem Kraftlinienbild eines physikalischen Feldes ins Bewußtsein. Ohne diese Analogie weiter verfolgen zu wollen — was zwar überaus aufschlußreich und richtungweisend sein könnte, aber über den Rahmen eines Behelfes für die Praxis hinausgeht — sei nur kurz angedeutet, daß die Lebenskraft des Volkes, die naturgewaltig ist, wie andere Naturkräfte, den Raum, in dem sie wirkt, mit ungeheueren Energieströmen erfüllt. Einer der gewaltigsten unter diesen geistigen Kraftströmen ist das Konstruieren.

Die Berechtigung, vergleichsweise von einem geistigen Kraftfeld des Konstruierens zu sprechen, wird noch deutlicher, wenn das geistige Kraftfeld eines Werksbetriebes abgebildet wird (Bild 3). Werden die geistigen Beziehungen, welche zwischen den einzelnen Ingenieurgruppen — Vertriebsingenieur, Laboratoriumsingenieur, Konstruktionsingenieur, Fertigungsingenieur, Betriebsingenieur usw. — eines Werkes der mechanischen Industrie bestehen, als Linien aufgezeichnet, dann ist die Ähnlichkeit des entstehenden Bildes mit einem Kraftlinienbild unverkennbar. Wird, wie in physischen Feldern, auch in dem geistigen Kraftfeldschema die Anzahl der Kraftlinien als ein Maß für die Kraft an dieser Stelle, also für die geistige

Feldstärke, betrachtet, so muß die Zusammendrängung der
geistigen Kraftlinien an der Stelle »Konstruktionsingenieur«
als ein Hinweis dafür angesehen werden, daß in dem gesamten Kraftfeld des Werkes vor allem dieser Stelle lebenswichtige
Bedeutung zukommt. Mit dieser Feststellung ist durchaus keine
einseitig übertriebene Bewertung des Konstruktionsingenieurs
ausgesprochen. In einem gesunden Organismus müssen selbstverständlich alle Glieder voll funktionsfähig sein. Es gibt
aber gewisse Teilorgane, bei deren selbst mangelhaftem Ar-

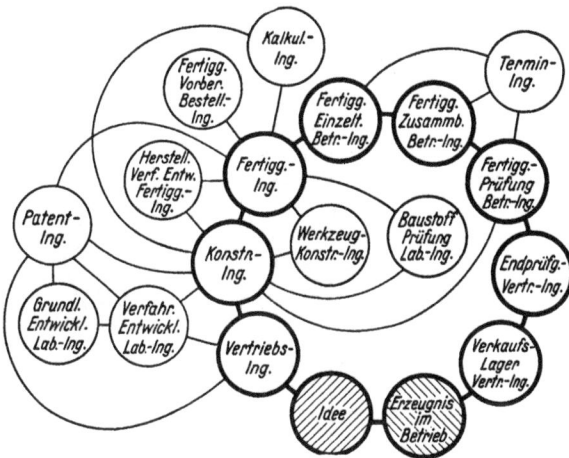

Bild 3. Das konstruktive Kraftfeld des Werkes.

beiten dem Gesamtorganismus noch immer Leben oder im
technischen Bereich, ein behelfsmäßiger Betrieb möglich ist.
Der Konstruktionsingenieur ist jenes Organ im Betrieb, oder im
weiteren Rahmen gesehen, im Volk, bei dessen Versagen das Leben
des sonst selbständigen Organismus rasch gefährdet wird.

Soviel über das äußere Kraftfeld des Konstruierens. Dieses
äußere geistige Feld ruft in zahlreichen, hierfür durch die
Natur mit entsprechenden geistig-seelischen Fähigkeiten ver-
sehenen Menschen ein inneres Kraftfeld hervor.

Wie dieses innere Kraftfeld, welches die konstruktiven Ideen
erzeugt, mit dem äußeren, welches diese bereits in bestimmte
Formen gebrachten Ideen kritisch bewertet, zusammenhängt,
kann ein weiteres Schema darstellen (Bild 4). Während bei dem

Vorgang des Aufbauens von Lösungsideen der Konstruierende nur als Organ des inneren Kraftfeldes wirkt, tritt er bei der Prüfung jedes seiner Gedanken objektiv als Organ des äußeren Kraftfeldes kritisch an sein eigenes Vorstellungswerk heran. Erst wenn es seiner eigenen Kritik standhält, setzt er es der Prüfung anderer aus.

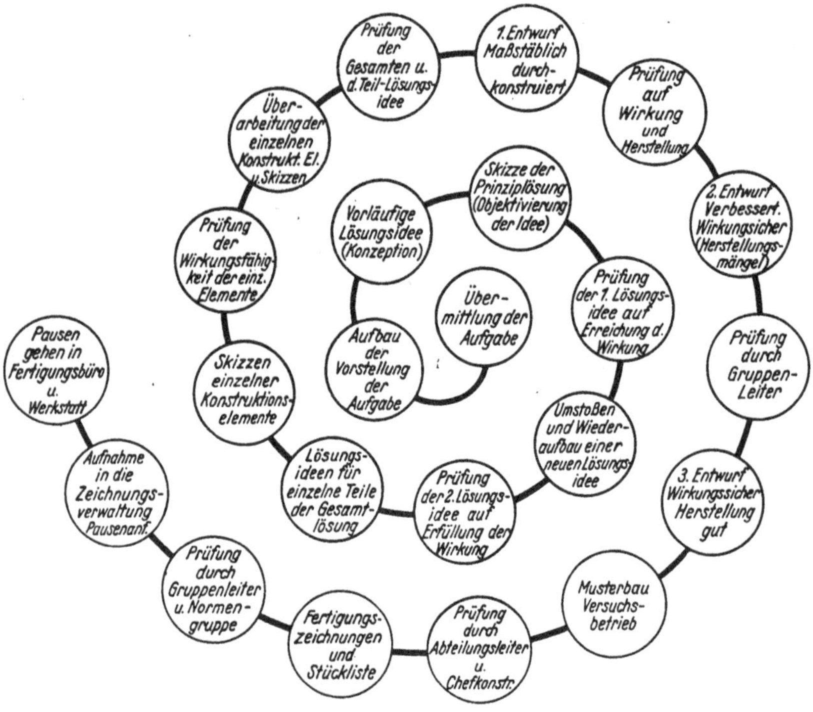

Bild 4. Die Entwicklungsphasen der Konstruktion eines Erzeugnisses.

Wenn die konstruktive Leistung des Volkes gesteigert werden soll; dann muß dieses innere konstruktive Feld erforscht werden. Es muß festgestellt werden, wie die konstruktivmotorischen Kräfte zu steigern und wie die Widerstände, welche sich dem konstruktiven Leistungsstrom entgegenstellen, zu verringern sind. Beide Erkenntnisse sind erforderlich im Hinblick auf das Ziel, den konstruktiven Kraftfluß und. mit diesem die Leistung des Volkes zu heben.

II. Die Arten und die Träger konstruktiver Tätigkeit/Begriffe

Erfinden heißt — von der Seite der Sache her gesehen — eine neuartige Lösung für eine neue oder auch für eine bekannte technische Aufgabe mit aller Gründlichkeit aufsuchen[1]. Erfindungen im allgemeinsten Sinne können sich beziehen auf Verfahren zur Erzielung bestimmter Energiewirkungen und -umsetzungen, insbesondere zur Erzielung bestimmter kinematischer, dynamischer, elektrischer, magnetischer, optischer, akustischer usw. Verhältnisse in Maschinen und Geräten, auf Heilverfahren, auf landwirtschaftliche Verfahren, auf Organisationssysteme usw. Einige der hauptsächlichsten Erfindungsgebiete sind in dem grundsätzlichen Schema des Bildes 5 dargestellt.

Bild 5. Gebiete erfinderischer Betätigung.

Von der Seite des Erfindungsträgers her gesehen, heißt erfinden, auf einen bestimmten Zweck gerichtete erstmalige Vorstellungskombinationen bilden und unter ihnen die nützlichste auswählen.

Eine einfache, alle Merkmale der Tätigkeit umfassende Definition des Begriffes »Konstruieren« läßt sich nicht angeben. Von den verschiedenen Standpunkten aus sind verschiedene Begriffsbestimmungen möglich, die sich gegenseitig ergänzen. Klarzustellen, was das Konstruieren eigentlich ist,

---

[1] Vgl. auch C. Volk, Der konstruktive Fortschritt. Berlin: Springer 1941. S. 8.

dazu bedarf es des Inhaltes des ganzen Buches. Die hier angegebenen Definitionen können und sollen daher nichts anderes
sein als vorläufige Hinweise.

Die folgenden Bestimmungen beziehen sich auf das Konstruieren als unmittelbare Grundlage der industriellen Fertigung im Maschinenbau und Feingerätebau, in der Elektrotechnik, im Fahrzeugbau usw.

Jedes Erzeugnis der mechanischen Industrie muß, ehe
es in der Fertigung werkstofflich hergestellt werden kann, geistig
so in Form und Wirkung gesehen worden sein, daß die materielle
Herstellung nur mehr die Ausführung oder Verwirklichung der
geistig vorhergesehenen Anordnung bedeutet.

Dieses innere, rein vorstellungsmäßige Entwickeln eines
neuen, bis dahin nicht vorhandenen technischen Erzeugnisses
und der Konstruktionselemente eines solchen in allen Einzelheiten, Wirkung, Gestalt und Baustoff, sowie in Anpassung
an alle Betriebsaufgaben und die Herstellmöglichkeiten, ist im
wesentlichen der Inhalt des Konstruierens.

Neben dieser Definition ist auch eine mehr technisch-
physikalisch ausgerichtete Begriffsbestimmung möglich. Nach
dieser kann im weitesten Umfange gelten: »Konstruieren ist
jene geistige Tätigkeit, durch welche neue Anordnungen von
technischen Körpern zur Lösung einer mechanischen Aufgabe
in Maschinen und Geräten oder des mechanischen Teiles einer
Wirkungsaufgabe mit Auftreten nichtmechanischer Energieformen aufgefunden werden.«

Neue Anordnungen von Körpern müssen nicht unbedingt
auf rein geistigem Wege gefunden werden. Auch durch ding-
liches Probieren mit bereits vorhandenen Konstruktionselementen oder mit leicht veränderbaren Modellen lassen sich
neue Lösungen finden. Dieser Weg zur Gewinnung von Konstruktionen fällt nicht unter den Begriff »Konstruieren«, welcher demnach nur ein Probieren mit Vorstellungen zuläßt.

Der Begriff »neu« ist in den obigen Begriffsbestimmungen
im subjektiven Sinne aufzufassen, d. h. er gilt mit Beziehung auf den Menschen, wenn die Leistung des Konstruktionsingenieurs zu bewerten ist. Er ist aber objektiv, d. h.
mit Rücksicht auf das Erzeugnis aufzufassen, wenn dessen
technischer und wirtschaftlicher Erfolg abgeschätzt werden

soll. In beiden Fällen gilt: neu = bisher nicht bekannt. Die objektive und die subjektive Neuheit laufen nicht immer parallel; sehr häufig wird etwas erfunden, was andere längst kennen. Die Einschätzung der subjektiven Leistung sollte hierdurch nicht berührt werden.

Soweit die Definitionen für Erfinden auf mechanische Probleme angewendet werden, umfassen sie auch das Konstruieren. Andererseits ist aber nicht jede Konstruktion auch schon eine Erfindung.

Jede konstruktive Tätigkeit kann in eines der drei Felder — in Wirklichkeit mit verfließenden Grenzen — eingereiht werden: Neuentwicklungen, Weiterentwicklungen und Anpassungskonstruktionen (Bild 6). Während in den Sektoren Neu- und Weiterentwicklung stets eine erfinde-

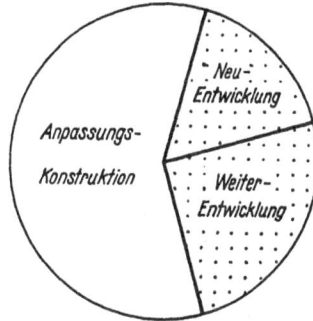

Bild 6. Leistungsstufen der konstruktiven Arbeit.

rische Höhe der Tätigkeit gegeben sein kann, wird dies bei den Anpassungskonstruktionen nur selten der Fall sein, da bei diesen mit fachmännisch bekannten Mitteln fast immer das Auskommen gefunden wird. Das Verhältnis zwischen Entwicklungskonstruktionen und Anpassungskonstruktionen ist auf den verschiedenen Gebieten der mechanischen Industrie sehr ungleich. Es gibt Gebiete, wo die Entwicklungskonstruktionen die Hälfte der konstruktiven Aufträge umfassen; es gibt aber auch weitgehend erstarrte Gebiete, wo die Entwicklung nur einen verschwindend kleinen Sektor ausmacht (Bild 7).

Die Vereinigung der beiden Denkkreise Erfinden und Konstruieren, stellt die in Wirklichkeit vorhandene Überdeckung dar (Bild 8). Jede Erfindung auf mechanischem Gebiet hat eine Konstruktion zur Folge. Umgekehrt sind viele, wenn auch nicht alle Konstruktionen Erfindungen.

Über das »Erfinden«, als schöpferischen Vorgang, für welchen vor allem die Phantasie die Voraussetzungen schafft,

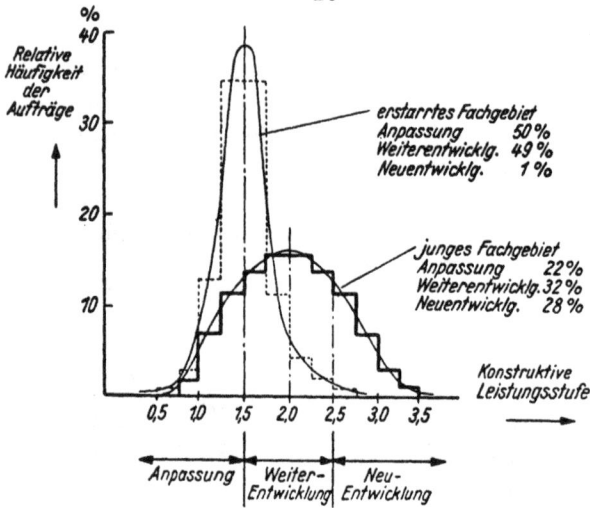

Bild 7. Die Leistungsanforderungen der konstruktiven Arbeit
in Grenzgebieten der mechanischen Industrie.

hängt das Konstruieren eng mit der bildenden Kunst und den
forschenden Naturwissenschaften zusammen. Auch bei diesen
Gebieten menschlicher Tätigkeit sind der schöpferische Ge-

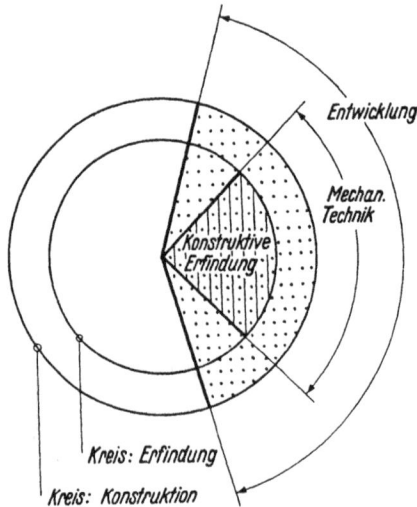

Bild 8. Zusammenhang zwischen Konstruktion und
konstruktiver Erfindung.

danke und die gründliche Erarbeitung der Lösungen gleichwertige Grundmerkmale der Arbeit. Wie auf diesen Gebieten ist auch beim Konstruieren der bloße Einfall noch nichts sehr Wertvolles. Erst durch vieles Wissen und umfangreiches Können wird unter der sittlichen Kraft des Wollens, aus der interessanten, geistreichen Idee eine schöpferische Tat für den Fortschritt der Menschheit oder für die Sicherung des Volkes (Bild 9).

Da der konstruktiv schaffende Ingenieur der Gegenwart im Gegensatz zu den »Kunstmeistern« vergangener Jahrhunderte seine Ideen weder selbst

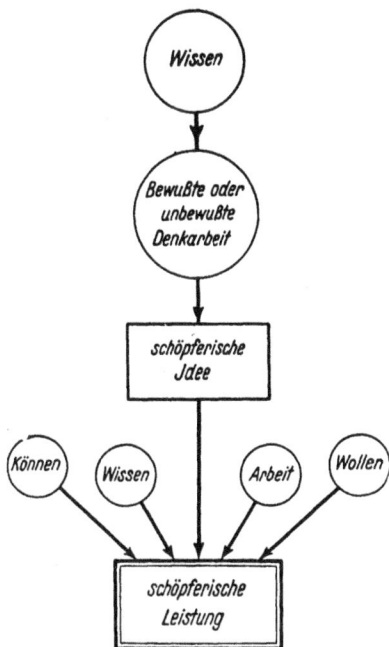

Bild 9.
Entwicklung der schöpferischen Leistung aus der schöpferischen Idee.

materiell verwirklicht, noch an deren Verwirklichung im allgemeinen persönlich teilnimmt, braucht er zur Mitteilung seiner Gedanken an andere, insbesondere an die ausführende Werkstatt, eine Sprache. Es könnte dies die Umgangssprache in schriftlicher Niederlegung sein[1]. Als zweckmäßiger, weil anschaulicher, hat sich — unter Berücksichtigung der durchschnittlichen psychischen Anlagen und der Schulung der in der Werkstatt Ausführenden — die Zeichnung unter Bindung an die Regeln der darstellenden Geometrie herausgestellt[2]. Für den Verkehr mit der Werkstatt legt daher der Konstruktions-

[1] In frühen Konstruktionszeichnungen, z. B. denen Leonardos (vgl. Fußnote auf S. 21) finden sich oft umfangreiche Beschreibungen.

[2] Vgl. Wögerbauer, Die Sprache des Technikers. Berufsausbildung in Handel und Gewerbe 15 (1940), S. 157/159.

2*

ingenieur seine Gedanken in der Hauptsache zeichnerisch nieder, beliebig oft vervielfältigbar und wiederholbar. Diesem Zeichnen kommt sowohl im Vorgang — konstruktionspsychologisch gesehen — als auch im Ergebnis als eindeutige Festhaltung von Verwirklichungsvorschriften größte Bedeutung zu. Es wird daher in einem erweiterten Sinne der gesamte Arbeitsvorgang der geistig-konstruktiven Tätigkeit zusammen mit der konstruktiv-zeichnerischen Arbeit als »Konstruieren« bezeichnet. Dies ist die übliche Definition[1]).

Das Planen (die Planung) befaßt sich mit solchen Überlegungen, die schließlich in Plänen festgehalten werden. Im ursprünglichen Sinne umfaßt es nur Unterlagen für die Ausführung von Anlagen, wie z. B. Kraftwerken, Fernsprechvermittlungsämtern, Fahrdrahtleitungen, Gleisanlagen, Hochspannungsleitungen. Die Tätigkeit des Planens erstreckt sich demnach auf die Vereinigung von Fertigerzeugnissen der mechanischen Industrie mit Hochbauten oder mit dem Gelände[2]).

Entwerfen bezeichnet den rein zeichnerischen Teilvorgang des Konstruierens oder Planens. Wenn die Konstruktion im Kopf zu einer klaren Vorstellung gereift ist, dann erst kann sie aus dem Kopf »entworfen« und auf dem Papier dargestellt und festgehalten werden. Das Ergebnis sind Ent-

---

[1]) Der Ausdruck »Gestalten« wird, seitdem so viele Nichtkonstrukteure das Konstrukteurproblem lösen wollen, fälschlich auch für »Konstruieren« verwendet. Dies ist völlig zu verwerfen, da »Gestalten« bloß der allgemeine Oberbegriff von »konstruktiv Gestalten« ist. Aber selbst diese letztere Verbindung ist nicht gleichzusetzen dem »Konstruieren«, da der Begriff »Konstruieren« weit mehr umspannt als die bloße Gestaltgebung (vgl. Tafel III). Die Gestaltung ist mithin nur eine kleine Teilaufgabe des Konstruierens. Die Verwendung des Wortes »Gestalten« in konstruktiven Zusammenhängen an Stelle des seit einem Jahrhundert bekannten mit hohen Qualitätsbegriff verbundenen Wortes »Konstruieren« vermehrt nur die auf diesem ohnedies so schwierig zu erklärenden Gebiet herrschende Verwirrung weiter, ohne die geringste Gegenleistung zu bieten. Solche kurzsichtigen schädlichen Verdeutschungen können nicht scharf genug bekämpft werden.

[2]) Der Ausdruck »Planen« wird in der indüstriellen Fertigung auch in der Verbindung »Stückzeitplanen« verwendet.

wurfszeichnungen, also meist Zusammenstellungszeichnungen mit Angabe der Hauptabmessungen[1]).

Im Gegensatz zum Entwerfen, wobei bereits maßstabrichtig mit der Zeichenmaschine gearbeitet wird, steht das »Skizzieren«. Das Skizzieren, also das freihändige zeichnerische Festhalten der flüchtigen konstruktiven Gedanken mit einfachsten Mitteln, geht dem Entwerfen fast immer voraus.

Das Bild über den Begriff »Konstruieren« wird vollständiger, wenn der Zweck des Konstruierens berücksichtigt wird. Der letzte und oberste Zweck des Konstruierens

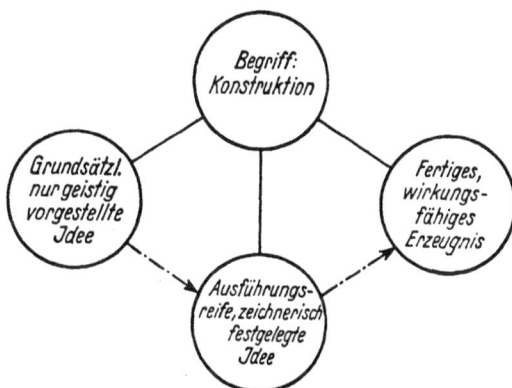

Bild 10. Die drei verschiedenen Begriffsinhalte des Wortes »Konstruktion«.

liegt darin, Bestand und Fortschritt der Nation zu sichern. Der unmittelbare Zweck des Konstruierens besteht in der industriellen Erzeugung von Maschinen und Geräten, wobei unter industrieller Erzeugung gemeint ist die Herstellung mit den heutigen Baustoffen und mit den für diese Erzeugnisse üblichen Stückzahlen und Verfahren.

Mehrdeutig ist der technische Begriffsinhalt des Wortes »Konstruktion«. Dieser Begriff kann das rein geistige Vorstellungsgebilde betreffen (Bild 10), er kann weiterhin die zeich-

---

[1]) Der »Entwurf« ist somit — rein zeichnungsmäßig gesehen — zwar eine Vorstufe der Fertigungszeichnung. Das Entwerfen ist aber keine Vorstufe des Konstruierens, sondern der Beginn der Niederlegung der konstruktiven Gedanken. Daher ist es falsch, wenn in Lehrplänen statt von Konstruieren oder Planen von dem geistig untergeordneten handwerksmäßigen Vorgang des Entwerfens gesprochen wird.

nerisch festgelegte Idee umfassen, er kann aber darüber hinaus auch die körperlich verwirklichte Idee, also das fertige Erzeugnis meinen. Der Begriff »Konstruktion« wird in allen diesen Bedeutungen gebraucht, die allerdings oft ineinander übergehen, da der erste Begriffsinhalt in dem zweiten und dieser in dem dritten enthalten ist.

Dem Oberbegriff Konstruktion sind die Begriffe Prinzipkonstruktion und Fertigungskonstruktion untergeordnet (Bild 11). Die letztere hat die Aufgabe, die Grundlagen zur Herstellung verkaufsfähiger Erzeugnisse nach wirtschaftlichen Fertigungsverfahren zu schaffen. Die Aufgabe der Prinzipkonstruktion ist es dagegen, mit einfachsten Herstellmitteln Musterausführungen bauen zu lassen, welche den Nachweis für die praktische Durchführbarkeit technisch-physikalischer Überlegungen erbringen.

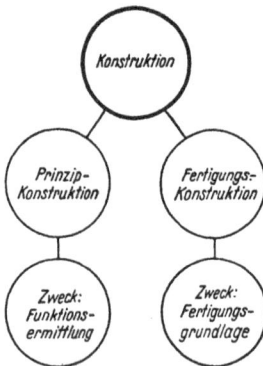

Bild 11. Die Möglichkeiten der konstruktiven Zwecksetzung.

Die Prinzipkonstruktion hängt eng mit der Fertigungskonstruktion zusammen, und zwar stellt sie meist die Vorstufe für die Fertigungskonstruktion dar, in welche sie durch konstruktive Arbeit übergeführt wird.

Der Begriff »konstruktiv« ist in zweifachem Sinne üblich: einmal in der ursprünglichen Bedeutung, wie z. B. in »konstruktive Tätigkeit«, wobei diese Tätigkeit tatsächlich aufbauend ist, oder auch in beziehender Bedeutung wie in »konstruktive Aufgabenstellung«, womit eine Aufgabenstellung gemeint ist, welche eine Konstruktion als Lösung erfordert.

Der berufsmäßige Träger der konstruktiven Arbeit ist der Konstruktionsingenieur. Nach den Gepflogenheiten des Vereins Deutscher Ingenieure[1]) ist diese Standes-

---

[1]) Vgl. die 1928 auf Anregung und unter maßgebender Mitarbeit von A. Erkens gegründete »Arbeitsgemeinschaft Deutscher Konstruktionsingenieure« im VDI.

bezeichnung anzuwenden neben
der Bezeichnung Konstrukteur,
wenn die ingenieurmäßige Höhe
der konstruktiven Arbeit gegeben ist. Mit der Bezeichnung
Konstruktionsingenieur ist der
konstruktiv tätige Ingenieur auch
äußerlich eingereiht in die Gruppe
Entwicklungsingenieur — Fertigungsingenieur — Betriebsingenieur — Prüffeldingenieur usw.
Ohne Verständnis für den wirkungsmäßig - physikalischen Inhalt einer Konstruktion können
absichtlich niemals konstruktive
Höchstleistungen erreicht werden.
Bei Fehlen gründlicher naturwissenschaftlicher Kenntnisse kann
daher nicht von Konstruktionsingenieuren gesprochen werden.
Es handelt sich dann um, im wesentlichen nach Angaben anderer,
z. B. von Laboratoriumsingenieu-
ren, arbeitende, fertigungstech-
nisch oft sehr umfassend erfahrene Konstrukteure. Allerdings
wird die Grenze zwischen Konstruktionsingenieur und Konstrukteur, welcher letztere zwar

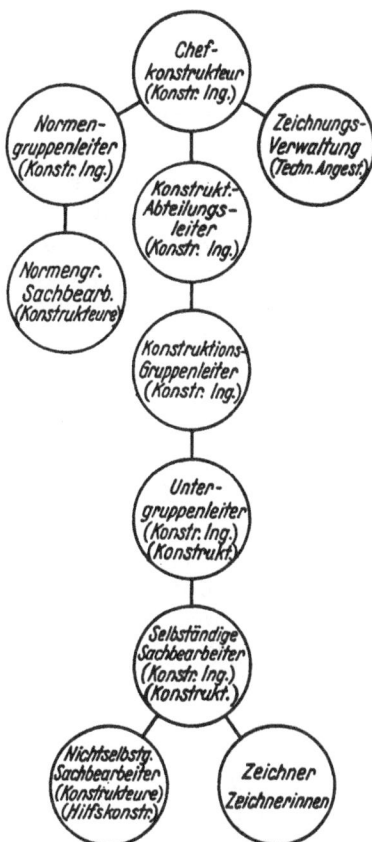

Bild 12. Die Organisation der Arbeitsträger im Konstruktionsbüro.

auch selbständige und schwierige, aber weniger wirkungsmäßig
neuartige Konstruktionen und Änderungen an solchen entwickelt, verschieden gezogen werden. Die Beurteilung wird
mangels einfacher Bewertungsmaßstäbe von der Einstellung
des Beurteilenden selbst abhängen. Trotz der Schwierigkeiten
muß aber eine solche Unterteilung in Konstruktionsingenieure, Konstrukteure, Hilfskonstrukteure[1]),
Konstruktionszeichner verlangt werden, um der Tätig-

---

[1]) Richtiger — bei nichtkonstruktiver Höhe — ist der in
vielen Betrieben übliche Begriff: »Konstrukteurhelfer«.

keit des Konstruierens in allen ihren Leistungsstufen die gebührende Achtung und soziale Anerkennung zu verschaffen.

Auf Grund dieser Beurteilung des Könnens und der Fähigkeiten sowie von Erfahrung, Persönlichkeit, Charakter usw. muß die für die reibungslose Durchführung der Arbeiten in einem großen Konstruktionsbüro notwendige Unterteilung des Einflußbereiches des einzelnen konstruktiv Tätigen vorgenommen werden (Bild 12). An der Spitze des Konstruktionsbüros steht der Chefkonstrukteur, der je nach der Größe des Büros den Titel »Abteilungsleiter« oder »Direktor« führen wird. Es ist selbstverständlich, daß dieser und sein Vertreter Konstruktionsingenieure der besten Klasse sein sollen. In größeren Büros bestehen meist mehrere, oft viele Arbeitsgebiete nebeneinander. Es ist dann mit Rücksicht auf gleichartige Entwicklung und gemeinsame Konstruktionselemente zweckmäßig, die innerlich enger zusammenhängenden Gruppen zu größeren Abteilungen innerhalb des Büros zusammenzufassen. Bauzelle des Konstruktionsbüros ist die Gruppe, welche im allgemeinen 4...10 Mann umfaßt. Auch an ihrer Spitze sollte ein vorzüglicher Konstruktionsingenieur

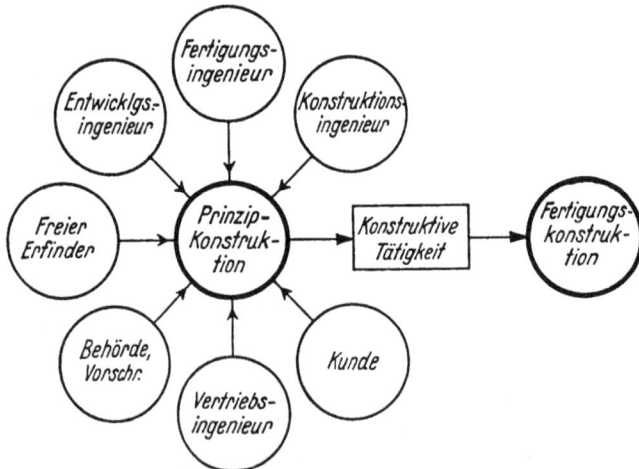

Bild 13. Die Verantwortungsträger der Prinzipkonstruktion (Weiterentwicklung der Wirkung oder Wirkungsweise).

stehen. Bei großen Gruppen (15 und mehr konstruktiv Tätige) wird eine weitere Unterteilung in Untergruppen zweckmäßig sein. Jede Gruppe oder Untergruppe besteht aus selbständigen Sachbearbeitern, welche Konstruktionsingenieure oder Kon-

Bild 14. Die Anlässe für die Inangriffnahme einer konstruktiven Entwicklung.

strukteure sein müssen, und aus nichtselbständigen Sachbearbeitern, welche Konstrukteure oder Konstrukteurhelfer sind. Zeichner und Zeichnerinnen entlasten die konstruktiv tätigen Kräfte soweit es geht von den rein mechanischen Arbeiten.

Das Arbeitsgebiet der Konstruktionsingenieure wird (Bild 6) das Gebiet der Neuentwicklungen und Weiterentwicklungen sein. Das Gebiet der Konstrukteure wird die Weiterentwicklung und die Anpassungsarbeiten umfassen.

Die oben gegebenen Begriffsbestimmungen für das Konstruieren gelten ohne Beschränkung auf bestimmte Berufsträgergruppen. In der Tat wird auch von den Ingenieuren des Kundenbetriebes, der Vertriebsabteilungen, der Laboratoriumsentwicklung konstruktive Arbeit geleistet. Doch wird deren Anteil an der Gesamtkonstruktion im allgemeinen nur gering sein. Bedeutender ist dagegen der Einfluß, den der Fertigungsingenieur auf die Fertigungskonstruktion nimmt.

Die Zuordnung zwischen der Prinzipkonstruktion und ihren Verantwortungsträgern zeigt Bild 13. Veranlassend für grundsätzliche konstruktive Untersuchungen können sein: der Kunde, der Vertriebsingenieur, Behörden (z. B. durch Baustoffverbote), der freie Erfinder außerhalb des Werkes, der Entwicklungsingenieur im Laboratorium, der Fertigungsingenieur im Werkstattbüro und auch der Konstruktionsingenieur.

Als Anlässe (Bild 14) für die Aufnahme einer konstruktiven Arbeit wären anzunehmen: Vor allem wirkungsmäßige Mängel an vorhandenen technischen Erzeugnissen; dann Fortschrittserfindungen ohne bereits bewußt gewordene Mängel an den bestehenden Erzeugnissen; erstmalige Pioniererfindungen ohne jedes Vorbild; Austausch von Sparstoffen aus volks- und wehrwirtschaftlichen Gründen; schließlich technisch-wirtschaftliche Mängel bei der Herstellung der Erzeugnisse.

Abschließend sollen in diesem Abschnitt, dessen Hauptaufgabe in der Klärung der Begriffe zu sehen ist, auch noch einige andere öfter wiederkehrende Begriffe festgelegt werden.

Die Konstruktionswissenschaft (Konstruktionik) umfaßt alle jene Wissensgebiete, welche zur Förderung der konstruktiven Leistung des Volkes Beiträge liefern können. Ihre Aufgabe ist die Erforschung konstruktiver Zusammenhänge, insbesondere auch solcher, welche die Technik des Konstruierens zu steigern vermögen.

Die Konstruktionslehre ist das in geordnete und leicht faßliche Form gebrachte Wissen, welches als Grundvoraussetzung für die konstruktive Tätigkeit an Anfänger im Konstruieren vermittelt werden muß.

Die Technik des Konstruierens ist das Können, die durch Hilfswissenschaften gebildeten Vorstellungen über Naturkräfte und deren Wirkungsgesetze, über die Baustoffe und deren gesetzmäßige Eigenschaften sowie über die Herstellmöglichkeiten so zu verbinden, daß eine konstruktive Lösung entsteht, welche die Aufgabe mit Sicherheit erfüllt, wobei gleichzeitig das Streben nach dem geringsten volkswirtschaftlichen Aufwand auf die Lösung richtunggebenden Einfluß nimmt.

Die Technik des Konstruierens besteht aus einem lernbaren Teil, welcher gewisse Gedankengänge zum Inhalt hat,
die beim Konstruieren wie selbstverständliche mechanische
Handgriffe richtig fassen müssen, ohne daß erst über das »Wie«
nachzudenken ist. Zum lernbaren Teil gehört auch die Zeichen-
technik. Daneben beruht die Technik des Konstruierens auch
auf einem persönlichen nicht lernbaren Teil, welcher sich ausschließlich auf geistig-seelische Anlagen gründet.

Der Ausdruck »Technik« ist aber auch für die Vermittlung
geistiger Regeln, welche dazu dienen, das Ziel des Konstruierens
rasch und sicher zu erreichen, zutreffend. Das Wort »τέχνη« bezeichnet im Griechischen[1]) neben Handwerk und Kunst, auch
Kunstgriff und Mittel, um etwas durchzusetzen. Der Ausdruck
»Kunst« wird heute im allgemeinen im eingeschränkten, ästhe-
tischen Sinne verwendet. Sieht man von dieser Einschränkung
— entsprechend dem früher üblichen Gebrauch — ab, dann
könnte man auch von der »Kunst des Konstruierens« sprechen.
Technik und Kunst wären im vorliegenden Sinne identisch,
denn nach Kant ist Kunst: »das, was man, wenn man es auch
auf das vollständigste kennt, dennoch darum zu machen noch
nicht sofort die Geschicklichkeit hat«.

Die Technik des Konstruierens lehrt konstruktives Denken.
Sie bildet daher die Grundlage jeder der nach den verschiedenen Fachrichtungen spezialisierten Konstruktionslehren. Im
Gegensatz zu diesen ist sie aber als ein Komplex allgemein-
gültiger Regeln von der Fachrichtung unabhängig.

Der Unterschied zwischen der Technik des Konstruierens
und dem Konstruieren selbst besteht also darin, daß, während
die Technik des Konstruierens das Können für dieses darstellt,
das Konstruieren selbst die Tätigkeit, also die Ausübung der
Technik bezeichnet. D. h. also, wenn jemand konstruiert,
dann zieht er die in ihm vorhandene Technik des Konstruierens
hierzu heran. Umgekehrt braucht aber jemand, welcher die
Technik des Konstruierens beherrscht, eben gerade nicht zu
konstruieren.

Konstruktionselemente sind konstruktive Bausteine.
Niedere Konstruktionselemente sind Einzelteile, wie Schrauben,

---

[1]) Vgl. Pape, Handbuch der griechischen Sprache, Band II.
Vieweg, Braunschweig 1888.

Wellen, Hebel, Federn usw., welche erst zu höheren mehr-
teiligen Konstruktionen zusammengebaut, eine Wirkungsaufgabe erfüllen können. Die Konstruktionselemente besitzen
nur als Normteile das Kennzeichen, daß sie in Zweck und Form
stets wiederkehren. Gleichartige Konstruktionselemente, die
keine Normteile sind, lösen zwar die gleiche grundsätzliche
Wirkungsaufgabe, sie sind aber in den Anpassungsformen
stets stark verschieden. Das Kennzeichen der Konstruktionselemente ist daher nur der geringere Umfang der für ihre Konstruktion aufzuwendenden Arbeit; ihre Aufgabenhöhe bestimmt
dagegen vielfach die Aufgabenhöhe der Gesamtkonstruktion
und damit den Grad der Schwierigkeit der Lösung.

Bild 15. Ausschnitt aus einem Notizbuchblatt des Leonardo,
welches sich mit dem Studium der Lagerreibung befaßt.

III. Die Entwicklung der konstruktiven Aufgabenstellung[1])

Seit Jahrtausenden werden Geräte und Maschinen gebaut. Jahrtausende lang waren Entwicklung und Fortschritt dem Zufall überlassen. Planmäßiges Streben zur Erreichung eines bestimmten Zieles lag außerhalb des vorgegebenen Denkkreises. Die Naturwissenschaften, welche die Grundlage für die planmäßige Entwicklung jedes mechanischen Erzeugnisses darstellen, wurden ausschließlich als Erkenntnishilfen der Philosophie betrachtet und waren hierdurch sowie später durch Religionsvorschriften in ihrer eigenen Entwicklung sehr stark behindert. Eine Anwendung naturwissenschaftlicher Erkenntnisse auf praktische Dinge schließlich war undenkbar, solange die Beschäftigung eines freien Mannes mit Gewerbe und Handwerk als unwürdig galt.

Dem Genie Leonardo da Vincis war es, wie auf so vielen anderen Gebieten der Wissenschaft, vorbehalten geblieben, einen für die Zukunft entscheidenden Schritt zu gehen: Leonardo (1452—1519) war der erste, welcher sich über die engen Denkgrenzen der Alten hinwegsetzend Maschinen als Organismen mechanischer Elemente mit ihnen eigentümlichen Wirkungen erkannte. Er beschrieb, berechnete und zeichnete sowohl Konstruktionselemente ihm bekannt gewordener Maschinen[2]) als auch zahlreiche eigene neue, erst viel später

---

[1]) Die geschichtlichen Tatsachen dieses Abschnittes sind nicht als Ergebnisse systematischer technikgeschichtlicher Forschung zu betrachten. Sie stellen nur einige kennzeichnende Punkte in der Entwicklung der konstruktiven Aufgabenstellung und der Konstruktionslehre dar.

[2]) Vgl. G. Cannestrini, Leonardos Wissenschaft von den Werkzeugen und Maschinen. In: Leonardo da Vinci (S. 493—503). Berlin: Wessobrunner-Verlag Dr. G. Lüttke, 1941. Vgl. ferner: Th. Beck, Leonardo da Vinci, Codice atlantico. Z. VDI 50 (1906), S. 524/531, 562/569, 645/651, 777/784. Vgl. Fr. Steinhaus, Leonardo der Erfinder und Ingenieur. Jena: E. Diedrich 1922.

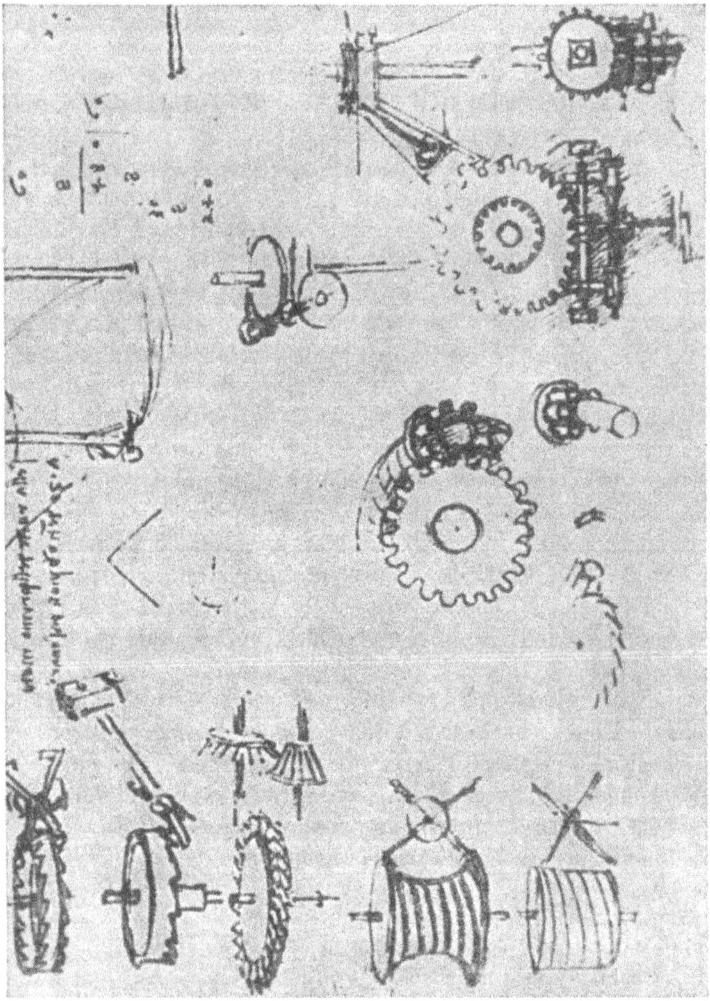

Bild 16. Skizzen über Schneckenräder und Stirnnockengetriebe u. a.
(Ausschnitt aus einem Notizbuchblatt des Leonardo.)

verwirklichte konstruktive Ideen. Er untersuchte planmäßig Lager (Bild 15), Schneckenräder (Bild 16), Getriebe (Bild 17/18), Bremsen, Flaschenzüge und andere Elemente. In dem reichen Bestand an Maschinenzeichnungen, welchen er hinterlassen hat, finden sich aber neben Studien von Konstruktionselementen auch vollständige Maschinenkonstruktionen, wie z. B. eine vollautomatische Feilenhaumaschine (Bild 19), eine Profilstangen-Ziehmaschine, eine Bohrmaschine, eine Stanzpresse, Textilmaschinen usw., welche Leonardo als ideenreichen Konstruktionsingenieur erkennen lassen.

Die wissenschaftliche Betrachtungsweise der Konstruktionen rechtfertigt es, mit Leonardo, der auch als Ingenieur zahlreiche unmittelbare und über diese letzteren zahllose mittelbare Schüler gehabt hat, die Konstruktionswissenschaft beginnen zu lassen. Seine Schüler — die allerdings vieles Wesentliche gar nicht erfassen und wichtigste Erfindungen übersehen — verwerten seine Gedanken und Forschungen teils unverändert, teils verändert, veröffentlichen sie und bestimmen damit die technisch-mechanische Entwicklung der folgenden Jahrhunderte[1]).

Aus den Arbeiten Leonardos geht deutlich hervor, daß er — obwohl er auch Werkzeugmaschinen konstruierte — Fertigungsfragen weniger Beachtung schenkte, sondern hauptsächlich Prinzipkonstruktionen untersuchte, bei denen es lediglich darauf ankam, eine bestimmte mechanische Wirkung zu erreichen. In nicht wenigen Fällen sind seine Ideen erst in unserer Zeit ausführbar geworden.

Auch die folgenden Jahrhunderte zeigen, daß beim Konstruieren dieser Zeiten die Ingenieure sich fast ausschließlich die Aufgabe stellten, eine bestimmte Wirkungsaufgabe zu lösen. Infolge dieser Einseitigkeit sind sie nicht selten zu damals und überhaupt unausführbaren Lösungen gelangt[2]).

Im Jahre 1800 lief das Wattsche Patent ab. Von da an begann die stürmische Ausbreitung der mechanischen Technik, das Maschinenzeitalter. Eine Technik zog die andere nach

---

[1]) Vgl. Th. Beck, Historische Notizen, X. Agostino Ramelli, Civilingenieur 36 (1890), H. 7.

[2]) Vgl. z. B. E. Gerland, Leibnizens nachgelassene Schriften physikalischen, mechanischen und technischen Inhalts. Leipzig: Teubner 1906.

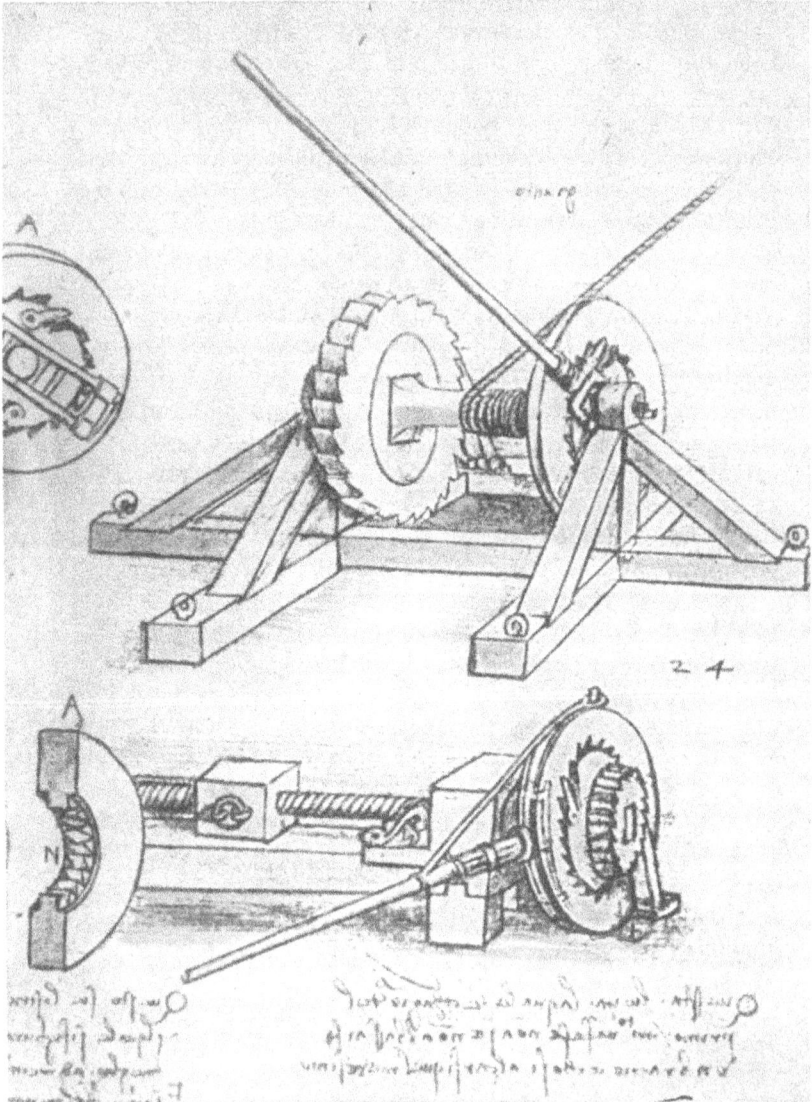

Bild 17. Konstruktion einer Hebevorrichtung mit Gesperren.
(Ausschnitt aus einem Notizbuchblatt des Leonardo.)
(Leonardo schrieb seine Notizen in Spiegelschrift.)

sich. Kraftmaschinen und Arbeitsmaschinen wuchsen anein-
ander sprunghaft hoch.

Ursprünglich waren die Konstruktionen fast ausschließlich dadurch bestimmt, in welcher Art von Erzeugnissen der
Herstellende zu arbeiten gewohnt war, also etwa entsprechend
der heutigen Gruppierung, ob er Großmaschinen, Feinmaschi-
nen, Feingeräte usw. baute. Diese Gebiete hatten auch ziemlich eindeutig zugeordnete Herstelltechniken, die vorher schon
für andere Erzeugnisse entwickelt worden waren und deren Anwendung sogar durch strenge Zunftbestimmungen geregelt war[1]).

Zu Beginn des 19. Jahrhunderts war die Herstellung von
Erzeugnissen der mechanischen Technik noch völlig dem
Handwerker überlassen. In dem umfangreichen Nachlaß des
bedeutenden Ingenieurs Georg von Reichenbach (1771—1826)[2])
findet sich nur eine einzige Stelle, welche sich mit Her-
stellungsfragen der zahlreichen von ihm konstruierten Maschinen und Feingeräte befaßt. Lediglich in Handskizzen, wie sie zur
Erklärung in Besprechungen oder als Vorbereitungen für solche
mit den ausführenden Handwerkern entstanden sein mögen
(Bild 20), finden sich kurze Hinweise über Baustoffe, wie
»Metal« oder »Schmiedeisen«. Die Stückzahl, das Gewicht und
eine Teilnummer fehlen dagegen auf den Zeichnungen nie.
Doch werden diese Angaben wohl nur als Verrechnungsunter-
lage mit dem Handwerker gedient haben. Die Teilzeichnungen
wurden bei größeren Aufträgen nach den verschiedenen Hand-
werksgruppen getrennt auf eigenen Blättern zusammengestellt.
Es gibt z. B. ein Blatt für den Glockengießer — welcher die
Bronzegußteile (Metal) herzustellen hat, ein Blatt für den
Nagelschmied, welcher Schrauben, Muttern, Bolzen usw. anzu-
fertigen hat, ein Blatt für den Kupferschmied, welcher Blech-
behälter, Kessel, Rohre usw. zu machen hat, usf.

Der damals vorhandenen guten zeichnerischen Schulung
bereitete der Verkehr mit den technisch nur wenig gebildeten
Handwerkern keinerlei Schwierigkeiten, da alle Einzelteile

---

[1]) Vgl. C. Klinckowstroem, Technik der Renaissance (S. 10)
in: Die Technik der Neuzeit. Potsdam: Akad. Verlagsgesellsch.
Athenaion 1941. Bd. 1.
[2]) Vgl. W. v. Dyck: Georg von Reichenbach. München, Selbst-
verlag des Deutschen Museum, 1912.

axonometrisch dargestellt wurden, was selbst dem einfachsten Vorstellungsvermögen eine ausreichende Fertigungsunterlage bot (Bild 21). Wo es erforderlich war, wurden auch noch Schnitte gezeichnet.

Die obenerwähnte einzige Stelle fertigungstechnischer Natur in Reichenbach's schriftlichem Nachlaß betrifft den Bau der langen Sole-Rohrleitung von Berchtesgaden nach Rosenheim (1817), wo er für das Zusammenpassen der Rohre bereits unser heutiges Grenzlehrsystem zur Anwendung brachte (Bild 22/23).

Fast ein halbes Jahrhundert verging seit dem Beginn des Maschinen-Zeitalters, ehe dem Konstruieren als Verknüpfung von Wirkung und Herstellung auch von seiten der Ingenieure Interesse entgegengebracht wurde. Die das bisherige technische Entwicklungsmaß immer mehr übersteigenden Aufträge der Industrie erzwangen dieses Interesse. Die Schaffung von Konstruktionsunterlagen war eine unabweisbare Notwendigkeit geworden. Man begann an bewährten Ausführungen nach Gesetzmäßigkeiten zu suchen, ähnlich wie man auch die Natur nach solchen Gesetzen durchforschte. Neben den auf Festigkeit zu berechnenden Abmessungen, für welche bereits mehr oder weniger richtige Formeln entwickelt wurden, sollten auch die anderen Abmessungen nicht willkürlich und frei gewählt, sondern untereinander in Beziehung gesetzt werden, wobei nach Methoden, welche der heutigen Großzahlforschung nahekommen, die bewährtesten Werte und manchmal auch schon die Grenzwerte ermittelt wurden. Damit wurde bewußt das getan, was das Gefühl unbewußt von selbst tut, wenn es Erfahrungen sammelt: den häufigsten und damit richtigsten Wert aus einer großen Zahl gleichartiger Beträge einer Größe feststellen.

Der erste deutsche Ingenieur des industriellen Zeitalters, welcher im Konstruieren einen wissenschaftlichen Inhalt sah, war der große Pionier der Technik, der an genialer Schöpferkraft und im Streben nach klarer wissenschaftlicher Durchdringung der Probleme unübertreffliche Ferdinand Redtenbacher[1]. Redtenbacher (1809—1863) ist über das Konstruieren der alten Zeit, welches nur die Erfüllung einer Wirkung ohne

---

[1] Vgl. F. Grashof, Redtenbachers Wirken zur wissenschaftlichen Ausbildung des Maschinenbaues. Heidelberg: Bassermann 1866.

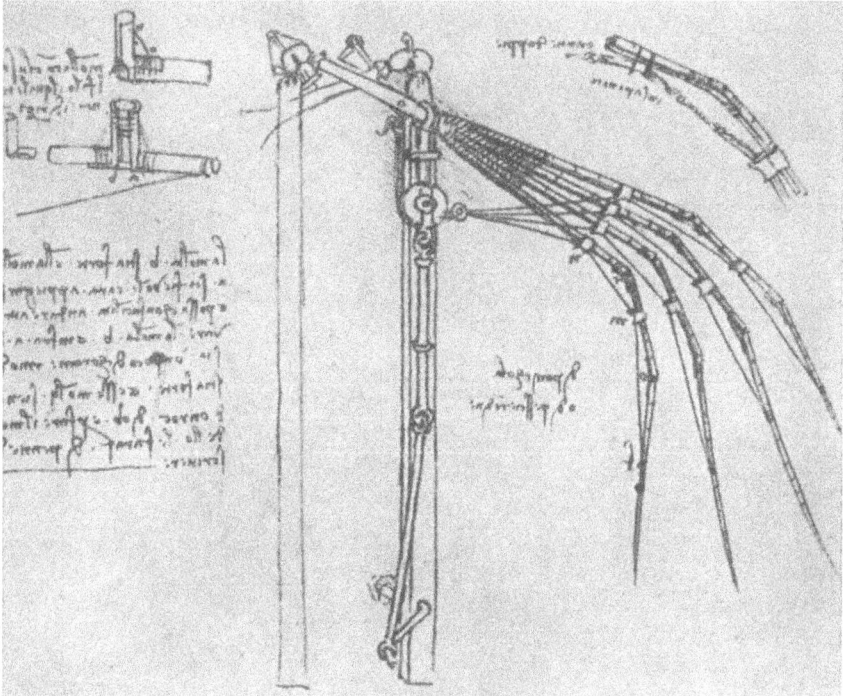

Bild 18. Untersuchung eines Seiltriebes für den Antrieb der Flügel
eines Vogelflugzeuges.
(Ausschnitt aus einem Notizbuchblatt des Leonardo.)

alle Nebenrücksichten verfolgte, hinausgeschritten. Baustoff
und Herstellverfahren müssen nunmehr gründliche Beachtung
finden, da die Leistungen, die Kräfte und die Geschwindig-
keiten immer größer werden und auch die Stückzahlen andauernd anwachsen. Er kennt — obwohl er nie eine Industrie-
stellung inne hatte — die notwendigen Forderungen der
Fabriken in bezug auf die Herstellung in allen Einzelheiten
und erweitert erstmalig die Zahl der konstruktiv zu beachtenden Gesichtspunkte, ohne aber schon deren Gleichwertigkeit
auszusprechen[1]).

---

[1]) Vgl. F. Redtenbacher, Prinzipien der Mechanik und des
Maschinenbaues. Mannheim: Bassermann 1852, S. 257. (Die
wiedergegebenen Stellen sind bei ... teilweise gekürzt.)

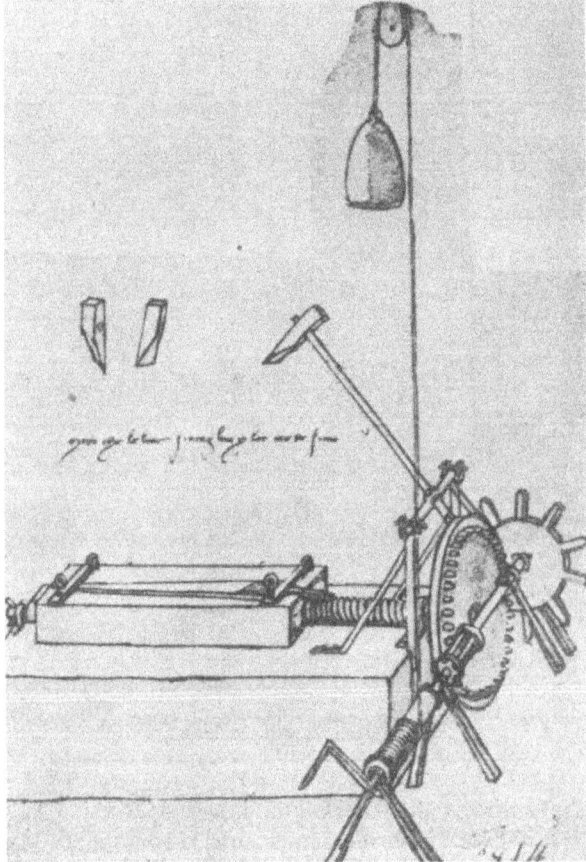

Bild 19. Automatische Feilenhaumaschine des Leonardo mit
Antrieb durch Gewichtsmotor.
(Ausschnitt aus einem Notizbuchblatt.)

»Die Bedingungen, welchen jeder Maschinenbestandtheil
entsprechen muß, um seinen Zweck erfüllen zu können, sind
im allgemeinen folgende:

1.) Hinreichende Stärke ... Kleine Verformung ...
2.) Geringe Abnützung ...
3.) Geringer Reibungswiderstand ...
4.) Geringer Materialaufwand. Die meisten Maschinentheile werden aus Eisen, Messing, Stahl, demnach aus einem

kostspieligen Material hergestellt; es ist daher von bedeutender Wichtigkeit, die Formen, Dimensionen und sonstigen Verhältnisse, welche auf den Materialbedarf Einfluß haben, so zu wählen, daß die Maschinentheile mit dem geringsten Materialaufwand die hinreichende Festigkeit erlangen.

5.) Leichte Ausführung. Die Arbeitskosten betragen im Allgemeinen 5—10mal mehr als der Materialaufwand; es ist daher bei der Construction jedes Maschinenbestandtheiles sehr darauf zu achten, daß keine zwecklosen Schwierigkeiten veranlaßt werden. Wohl aber ist bei dem gegenwärtigen Zustand der Maschinenfabriken eine schwierig auszuführende Construction zulässig, wenn durch diese irgendein wichtiger Zweck erreicht werden kann.

6.) Leichte Aufstellung...

7.) Wenig Modelle...

Es ist leicht einzusehen, daß es wohl selten möglich ist, diesen Bedingungen allen gleichzeitig zu entsprechen, denn manche derselben stehen gegeneinander im Widerspruch; indem das, was in einer Hinsicht gut ist, in anderer Hinsicht es nicht ist. Die zweckmäßigste Construction, d. h. diejenige, für welche die Summe der Nachtheile ein Minimum, und die Summe der Vortheile ein Maximum ist, kann daher oft nur nach reiflicher Prüfung mehrerer für den gleichen Zweck anwendbaren Constructionen ausgemittelt werden.«

Mit dieser Erkenntnis der Bedingungen, welche das Wesentliche des Konstruierens schon sehr weitgehend umfassen, begnügte sich Redtenbacher aber noch nicht. Diese Erkenntnis erscheint ihm ohne große Erfahrung noch nicht ausreichend zum Konstruieren. Darum prüft er, welche Möglichkeiten bestehen, nach denen die Abmessungen eines Konstruktionselementes zwangläufig gefunden werden können[1]).

»Die Formen und Dimensionen der Theile können entweder durch das Gefühl oder durch Rechnung, oder endlich theils durch das eine, theils durch die andere bestimmt werden.

Das erstere Verfahren beruht auf dem Sinn für Formen, Größen und Raumverhältnisse, mit welchem man wohl begabt

---

[1]) Vgl. F. Redtenbacher, Prinzipien. S. 290.

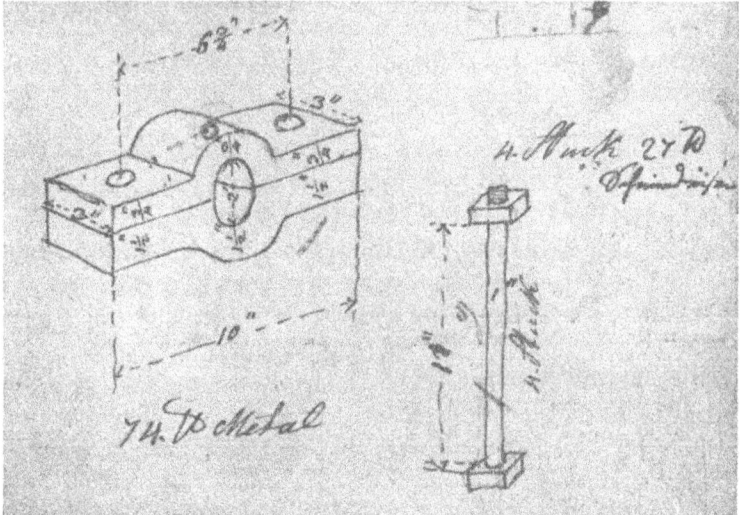

Bild 20. Handskizzen Georg v. Reichenbachs
zur Wassersäulenmaschine.

sein muß, um als Constructeur etwas leisten zu können. Das
Gefühl für Formen und Größen muß aber durch vielfache
Übungen, Anschauungen und Erfahrungen ausgebildet werden,
um mit einiger Sicherheit in jedem besonderen Falle das
Rechte treffen zu können. Dies erfordert selbst unter günstigen
Umständen einen Zeitaufwand von vielen Jahren und am Ende,
wenn das Gefühl den höchsten Grad von Entwicklung erreicht
hat, weiß es sich jedoch in zahllosen Fällen nicht zu helfen,
wenn es ganz allein dasteht und gar keine Stütze hat an der
es sich halten könnte.

Das zweite Verfahren, welches zur Bestimmung der Formen
und Abmessungen nur allein das Mittel der Rechnung in Anwendung bringen will, hat von jeher zu keinem Ziele geführt
und wird auch nie zum Ziele führen können, denn es gibt
tausenderlei Dinge, die sich entweder gar nicht oder nur mit
einem Aufwand von Zeit und gelehrtem Wissen berechnen
lassen, der mit dem Zweck, um den es sich handelt, in gar
keinem vernünftigen Verhältnis steht. Auch ist die Zahl der
Größen, die man für einen Maschinenentwurf wissen muß, so

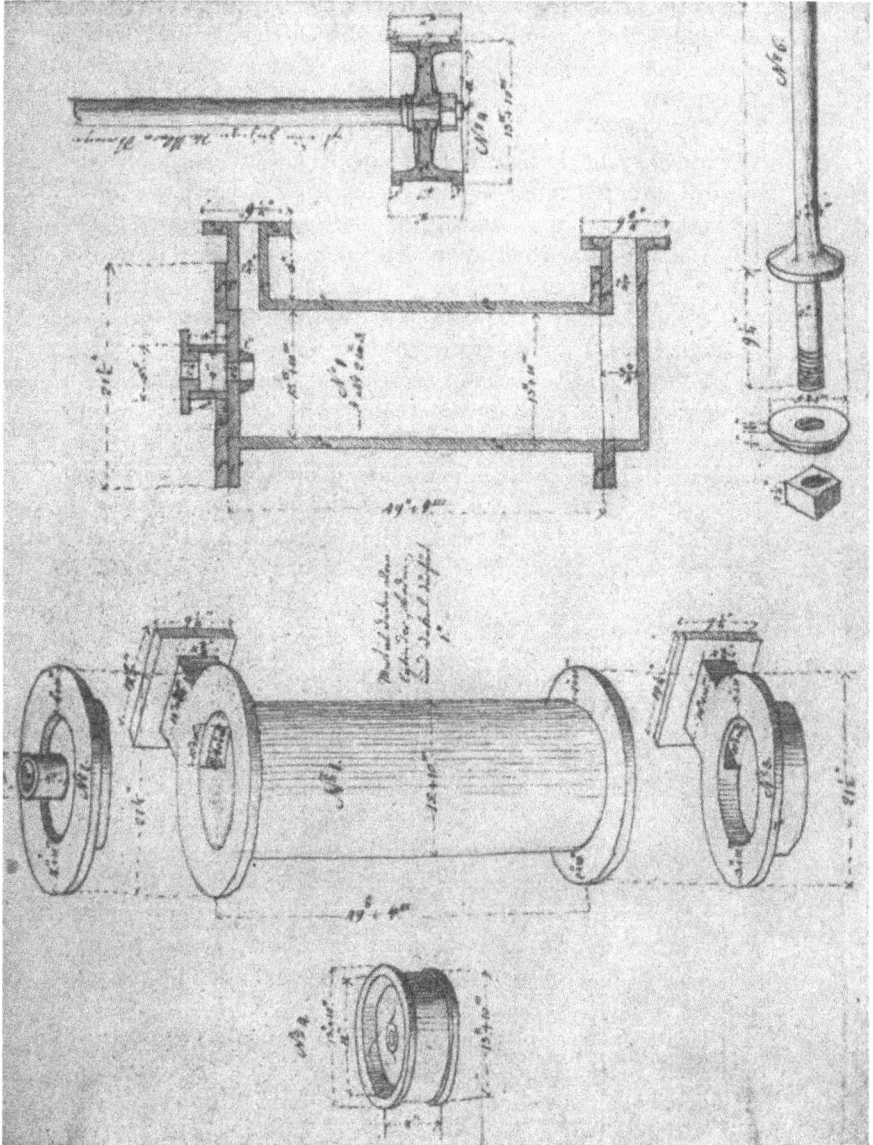

Bild 21. Teilzeichnungen Reichenbachs zur Wassersäulenmaschine.

außerordentlich groß, daß ihre Berechnung, auch wenn sie möglich wäre, zu endlosen Rechnungen Veranlassung geben muß. Diese ausschließlich rechnende Methode ist also ganz zu verwerfen.

Das dritte Verfahren, welches Rechnung und Gefühl zu verbinden sucht, bedient sich in jedem Fall desjenigen Mittels, das am einfachsten, schnellsten und sichersten zum Ziele führt. Es berechnet, was am leichtesten und sichersten durch Rechnung bestimmt werden kann, hält sich an Erfahrungen, wie solche vorhanden sind und überläßt sich dem Gefühl, wo dieses sich selbst allein zu helfen weiß. Dieses dritte Verfahren ist in jeder Hinsicht den beiden ersteren vorzuziehen.

Es war von jeher meine Überzeugung, daß diese combinierte Methode die einzig richtige sein könne, und daß es möglich sein müsse, auf diesem Wege den Bau der Maschinen und insbesondere die Construktion der Maschinenorgane auf einfache, leicht anwendbare, jedoch wissenschaftlich begründete Regeln zurückzuführen. Die Verwirklichung dieses Gedankens wollte mir jedoch lange Zeit hindurch nicht gelingen, bis ich endlich erkannte, daß das Mittel nicht in einer analytischen oder sonst in einer künstlichen Theorie, sondern daß es in dem Verfahren liegen müsse, das man gleichsam bewußtlos oder instinktiv befolgt, wenn man sich bei einer Construction rein durch das Gefühl leiten läßt. Durch aufmerksames Beobachten dieses Verfahrens erkannte ich endlich, daß es nur darauf ankomme, die allgemeine und längst bekannte empirische Regel: »daß die Dimensionen aller Theile einer Maschine in einem richtigen Verhältnis zueinander stehen sollen« dadurch auf eine wissenschaftliche Grundlage zu stellen, indem man vermittels der bekannten Formeln für die Festigkeit der Materialien nicht die absoluten Werthe der Dimensionen, sondern nur die Verhältnisse derselben zu irgendeiner Hauptdimension aufsucht«.

Redtenbacher hatte damit den einzig richtigen Weg eingeschlagen, welcher zu einer Konstruktionslehre führen kann: Er hat die Tätigkeit des Konstruierens beobachtet und daraus die notwendigen Folgerungen gezogen. Er wäre der Kopf gewesen, der nicht nur eine Methode erörtern, sondern auch die Wissenschaft vom Konstruieren hätte aufbauen können. Es ist

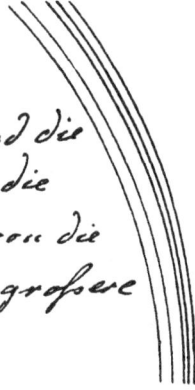

_1. Der Schwarze Kreis ist die
Weite des Rohrs
2. Die beyden blauen Kreise sind die
grosse und kleine Lehren für die
Calibrirung der Rohren, wovon die
kleinere hinein gehen und die grossere
stecken bleiben muss_

Bild 22. Reichenbachs Beschreibung von Grenzlehren zur Herstellung
maßhaltiger Rohre.

das tragische Verhängnis in der Geschichte des Konstruierens,
daß andere Aufgaben ihm lockender erschienen als diese.
Redtenbacher hat keine Konstruktionslehre hinterlassen.

Der Schüler Redtenbachers, F. Reuleaux (1829–1905), schrieb
— mit scharfem Verstand, aber noch ohne eigene praktische
Erfahrung — die noch fehlende, dringend verlangte Konstruktionslehre[1]). Er sieht zwar die Leitlinie Redtenbachers vor sich,
es fehlen ihm aber alle konstruktiven Erfahrungsvoraussetzungen
zur Lösung dieser schwierigen Aufgabe. So schwankt er unsicher
zwischen den beiden Extremen: Konstruieren als Wissenschaft
und Konstruieren als Angelegenheit der Praxis. In seiner »Constructionslehre« stellt er ein Programm
auf, indem er sagt[2]): »Die Kenntnis der
der Mechanik entlehnten Principien
genügt indessen nicht, um den Entwurf einer auszuführenden Maschine
zu Stande zu bringen. Erst durch eine
Verbindung der theoretischen Ergebnisse mit den praktischen Anforde-

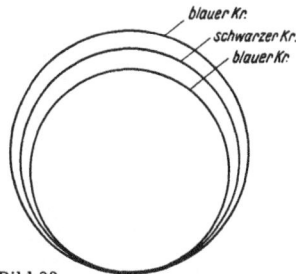

Bild 23.
Grenzmaßschema zu Bild 22.
(Aus drucktechnisch. Gründen
mußten die großen, i. Original
bunten Kreise des Bildes 22
verkleinert werden.)

---

[1]) Vgl. F. Reuleaux und C. Moll,
Constructionslehre für den Maschinenbau. Braunschweig: F. Vieweg 1854.

[2]) Vgl. .Reuleaux, Constructionslehre S. VIII.

rungen können Regeln gebildet werden, deren Anwendung eine
leichte ist und die dabei für die gewöhnlichen Fälle zu richtigen Resultaten führen.« Über die Verhältniswerte für empirische, also nicht auf Festigkeit zu berechnende oder berechen-
bare Dimensionen sagt er[1]): »Aus den Ausführungen der Praxis
geht jedoch hervor, daß man für die empirischen Dimensionen der Maschinentheile gewisse Bezüge zu einer oder
der anderen Festigkeitsdimension desselben Maschinentheiles
aufstellen könne. Diese Bezüge sind in den meisten Fällen
keine reinen Multiplikationsverhältnisse, wie solche von
manchen Schriftstellern für die Construction der Maschinentheile angegeben worden sind. So würde z. B., wenn man einen
Dampfzylinder von 2m,00 Durchmesser mit einem solchen von
0m,40 Durchmesser in Bezug auf die Wanddicke geometrisch
ähnlich machen wollte, für den größeren Zylinder die Wanddicke fünfmal so groß ausfallen als für den kleineren, während
man in der Praxis die Wanddicke des größeren Zylinders nicht
einmal doppelt so stark nehmen würde als die des kleineren.
Ganz ähnlich verhält es sich mit den Zapfenlagern, Schub-
stangenköpfen, Kupplungen usw.« Reuleaux hat zwar beobachtet, daß konstante Verhältniswerte falsch sind und daß
auch nicht in allen Fällen Festigkeitsrücksichten bestimmend
Einfluß auf die Gestalt der Konstruktionselemente nehmen,
er hat aber die technologischen Ursachen hierfür nicht auf-
gezeigt. Er hätte bei diesem Beispiel darauf hinweisen müssen,
daß die Wanddicke gegossener Zylinder von der Gießerei-
technik abhängt und daß eine richtige Formel für die Wanddicke der Zylinder eine Konstante enthalten müsse, da gewisse Wandstärken nicht unterschritten werden können.
Reuleaux spricht an einigen Stellen von der Leistungsfähigkeit seiner Konstruktionslehre: »Um die Bestimmung der
empirischen Dimensionen zu erlernen, ist es für den Einzelnen heute nicht mehr nöthig, nur auf dem Wege der eigenen Erfahrung die Anhaltspunkte zu suchen, deren das constructive Gefühl bedarf, um zu verläßlichen Resultaten verhelfen zu
können. Aus der großen Zahl bestehender und bewährter Ausführungen lassen sich für die Bestimmung der empirischen Di-

---

[1]) Vgl. Reuleaux, Constructionslehre S. 124.

mensionen Formeln ableiten, welche für analoge Fälle als Stütz-
punkte des Gefühls dienen können[1]).« Er widerspricht sich aber,
indem er sagt: »Überhaupt ist das constructive Gefühl, da für
die empirischen Dimensionen, deren Bestimmung ihm ausschließlich anheimfällt, auf theoretischem Wege gar Nichts zu
erlangen ist, beim Construiren unentbehrlich[2]).« Dieses dauernde Schwanken zeigt, daß es Reuleaux — trotzdem er sicher
vom besten Willen beseelt gewesen ist — nicht gelungen ist,
die theoretischen Schwierigkeiten einer Konstruktionslehre zu
meistern. Und so schneidet er schließlich der »Constructionslehre« selbst Ausbau und Entwicklung ab: »Diese drei Punkte
(welche sich alle auf die Erzielung der Wirkung beziehen —
Anm. des Verfassers) sind die einzigen Bedingungen, welche
die Mechanik für die Güte der Anordnung stellt, und man
könnte sie durch eine große Zahl von Anordnungen für den-
selben Fall erfüllen. Allein es treten in jedem besonderen
Falle noch mannigfache Anforderungen anderer Art auf,
denen die Anordnung ebenfalls entsprechen soll. Zu diesen
gehören die Anforderungen an die Raumersparnis, die Größe
des Gewichtes, den Preis der Maschine, an deren Dauerhaftig-
keit und Sicherheit, die Montierung und Demontierung, an
die leichte Ausführbarkeit nöthig werdenden Reparaturen
u. a. m. Wäre die genaue Abwägung aller dieser sich theil-
weise widersprechenden Anforderungen in ihrem ganzen Umfange möglich, so würde sie zu der für den betreffenden Fall
besten Anordnung einer Maschine führen. Allein die In-
betrachtziehung aller dieser Umstände und ihre richtige Würdi-
gung können nicht in einer absoluten Form geschehen, und
daher weder allgemein behandelt, noch eigentlich gelehrt werden; sie sind vielmehr einzig Sache der Intelligenz und des
Scharfblickes des entwerfenden Ingenieurs[3]).«

Bis zur Schlußfolgerung stützt sich hier Reuleaux ganz
auf Redtenbacher. Die Schlußfolgerung ist seine eigene
Meinung. Mit ihr hat er — während er durch andere, in einem
glänzenden, vorbildlichen Stil geschriebene Schriften das Kon-
struiren sehr gefördert hat — die wissenschaftliche Entwicklung

---

[1]) Vgl. Reuleaux, Constructionslehre, S. 121.
[2]) Vgl. Reuleaux, Constructionslehre, S. 120.
[3]) Vgl. Reuleaux, Constructionslehre. S. 83.

der Konstruktionslehre für ein halbes Jahrhundert abgeschnitten, noch ehe sie über die allerersten Anfänge hinaus gediehen war.

Die nächste Persönlichkeit, welche in der Entwicklung der Konstruktionslehre eine maßgebende Meinung geäußert hat, war C. Bach (1847—1931). Bei Bachs Forschungsarbeiten kann bereits eine starke Zunahme der Anziehungskraft der mathematischen Theorie der Festigkeitslehre gegenüber den Forschungen in bezug auf die Anforderungen der Ausführung festgestellt werden. Die Bedeutung der Anforderungen der Herstellung war allerdings schon so allgemein bekanntgeworden, daß sie in vielen technischen Werken dieser Zeit behandelt wurde. Auch Bach bringt in seinen »Maschinenelementen« viele vorzügliche Hinweise. Er verstärkt aber — vermutlich ebenfalls ungewollt — die Meinung Reuleaux' über die Lehrbarkeit des Konstruierens, indem er sagt: »An diese Arbeit bin ich in der vorliegenden Schrift herangetreten, in der Absicht, den Studirenden des Maschinenbaues und den jüngeren Fachgenossen durch Bloßlegung des Bodens, von welchem aus mit mehr Sicherheit als seither die Erfahrungszahlen bei Dimensionsbestimmungen ermittelt werden können, eine Erleichterung auf dem täglich sich erweiternden Gebiete ihrer Thätigkeit zu verschaffen; aber auch gleichzeitig in dem Bewußtsein, daß es niemals möglich sein wird, die unzählige Menge der oft von Ort zu Ort wechselnden Rücksichten technischer, geschäftlicher und allgemein menschlicher Natur, welche der Maschinentechniker immer wieder bei seinen Arbeiten zu nehmen hat und deren Beachtung eben zur Charakteristik des gediegenen Constructeurs gehört, in das Prokrustesbett einer oder mehrerer Zahlen zu zwingen.«[1]

Der Ansicht Bachs[2] kann — infolge des heute bestehenden viel besseren Überblickes — in zwei Punkten nicht mehr voll zugestimmt werden: Einmal ist die Zahl der wichtigen konstruktiv notwendigen Rücksichtnahmen nicht unzählig, sondern auf etwa ein Drittel von hundert beschränkt. Zweitens ist es möglich, eine technische Wissenschaft aufzubauen, also

---

[1] Vgl. C. Bach, Die Maschinenelemente. J. G. Cotta, Stuttgart 1881. S. IV.

[2] Bach hat sich aber später (Vgl. Vorwort zur 9. Auflage 1903) sehr energisch für den Konstruktionsunterricht eingesetzt.

das, was der »Maschinentechniker« zu beachten hat, in ein System zu bringen, selbst wenn es nicht möglich ist, den Inhalt der erfahrungsmäßigen Zusammenhänge in das Prokrustesbett einfacher Faustformeln zu pressen.

Seit Reuleaux wurde also kein Versuch mehr unternommen, eine Konstruktionslehre zu schaffen. Es ist daher in der Geschichte der Konstruktion gerechtfertigt, von da an von einem Zeitabschnitt der rein praktischen Wissensvermittlung durch Anlernen in der täglichen Tätigkeit der Konstruktionsbüros zu sprechen.

Dieser Zeitpunkt ist, was man sich stets vor Augen halten muß, auch der Beginn der abnehmenden Anerkennung der Bedeutung und Wertschätzung der Leistung des Konstruktionsingenieurs. In der Endphase dieses Vorganges galt nach den unglücklichen, einseitig auf die Fertigung abzielenden Rationalisierungstheorien des dritten Jahrzehntes unseres Jahrhunderts[1]) der Konstrukteur nicht mehr als Ingenieur, sein Arbeitsplatz war das »Zeichenbüro«[2]).

Der Umbruch in der politischen Entwicklung Deutschlands wurde auch der Markstein für die Änderung in der Behandlung der Konstruktionsingenieure in der Industrie. Fast über Nacht entstand als Folge gigantischer Aufgabenstellungen der Staatsführung ein Konstrukteurproblem, und mit diesem der Ruf nach der Konstruktionslehre für die Nachwuchsschulung.

Die Wiedererkenntnis des wissenschaftlichen Inhaltes des Konstruierens ist aber durchaus nicht neuesten Datums. Auch in der Zwischenzeit sind Männer dagewesen, welche für das Konstruieren eingetreten sind. Einer der ersten unter ihnen — zeitlich und der Leistung nach — war A. Riedler (1850—1936). Er schrieb ein Buch über Maschinenzeichnen, in welches er eine zwar kurz gefaßte, aber gute Konstruktionslehre einbaute. Riedler war auch der erste, welcher auf die Gefahr der Überbewertung und sogar Sinnlosigkeit mancher Festigkeitsrechnungen beim Konstruieren hinwies. Er bemühte sich, den durch frühere Autoritäten eingeführten Primat der Mathe-

---

[1]) Vgl. H. Wögerbauer, Der Konstrukteur in der rationalisierten Industrie. Zft. Öst. Ing. Arch. Ver. 89 (1937), S. 149/150.

[2]) Vgl. H. Wögerbauer, Zum Verständnis der konstruktiven Tätigkeit in der Elektrotechnik. ETZ 60 (1939), S. 1163/1164.

matik in der Konstruktion auf das richtige Maß zurückzuführen. Er sagt darüber in seinem »Maschinenzeichnen«[1]:
»Außerdem muß sich der Anfänger von vornherein damit vertraut machen, daß die meisten »genau« vorausberechneten
Abmessungen aus vielen Gründen nicht ausführbar sind, weil
die Rechnung eben diese vielen anderen Gründe noch nicht
berücksichtigt hat. Es muß dem Anfänger vor allem deutlich gemacht werden, daß sehr oft die Ausführungsmöglichkeiten allein maßgebend entscheiden, auch gegen die Rechnung, z. B. bestimmte Herstellungsmöglichkeiten, Rücksichten
auf Gußspannungen, Zusatzspannungen, auf vorhandene Aus-
führungsmittel usw. Im Gegensatz zu den einseitig berech-
neten unbrauchbaren Formen können richtige Formen nur unter
Berücksichtigung aller Grundlagen und Bedingungen erlangt
werden. Die Rechnung kann nicht gleichzeitig alle Bedingungen berücksichtigen, sondern zunächst nur die Kraft-
wirkungen und die ihnen entsprechenden Formveränderungen.

Außer den Festigkeitsforderungen kommen sofort eine
Reihe gleichwertiger oder doch entscheidend wichtiger
Grundlagen und Bedingungen in Betracht. So z. B.

die Größe der zulässigen Formänderungen unter dem
    Einfluß der Kraftwirkungen,
die wesentlichen zusätzlichen Wirkungen im Betriebe
    oder während der Herstellung, u. a. der Einfluß der
    Geschwindigkeit, die Größe der Auflagepressungen, der
    Reibung, Abnutzung und Erwärmung, dann
eine Reihe praktischer Forderungen im Zusammenhang
    mit der Herstellung und Bearbeitung und
außerdem in allen Fällen: die Kosten der Herstellung und
    die Bedingungen des praktischen Betriebes.

In diesen Abhängigkeiten liegt die Schwierigkeit für den
Anfänger, auf die Summe vielfacher Bedingungen Rücksicht
zu nehmen und die Formen in Abhängigkeit von diesen vielfachen Bedingungen darzustellen.«

Riedler hat damit im Gegensatz zu allen Vorgängern,
welche der Wirkungsaufgabe eine höhere Wertigkeit zu-

---

[1] Vgl. A. Riedler, Das Maschinenzeichnen. J. Springer: Berlin 2. Auflage 1913. S. 21.

dachten als den übrigen Anforderungen, zum ersten Male in der Geschichte der Konstruktion auf die Gleichwertigkeit der verschiedenen konstruktiven Teilaufgaben hingewiesen. Wenngleich er auch den Ausdruck »Konstruieren« kaum benutzt und in der Aufzählung auch nicht annähernd die Reihe der konstruktiven Teilaufgaben erschöpft, so gebührt ihm doch das unbestreitbare Verdienst, die wissenschaftliche Höhe und die Lehrbarkeit des Konstruierens — im Gegensatz zu den Früheren — nicht mehr zu bezweifeln, sondern als selbstverständlich anzunehmen.

Die Erkenntnis der Notwendigkeit der Verbreitung konstruktiven Wissens trat in Deutschland erneut etwa um 1928 auf, als infolge eines — allerdings sich rasch wieder ändernden — für Deutschland günstigen Zustandes des Weltmarktes eine bedeutende Leistungssteigerung erforderlich wurde. Die führenden technischen Körperschaften dehnten ihre Bemühungen nun auch auf dieses bisher so sehr vernachlässigte Gebiet aus. Der Verein Deutscher Ingenieure legte damals die Grundlage zu seiner Arbeitsgemeinschaft deutscher Konstruktionsingenieure[1]). Diese hat vor allem die Aufgabe der Weiterbildung der im Beruf stehenden Konstrukteure und Konstruktionsingenieure[2]).

Auf dem Gebiet der Konstruktionslehre ließ eine in dieser Zeit entstandene Arbeit von A. Erkens[3]) vieles erwarten. Diesem Aufsatz, der einen guten Anfang für eine Konstruktionslehre des Maschinenbaues hätte darstellen können, folgten aber keine weiteren Veröffentlichungen, welche die Konstruktionslehre wirklich schufen.

Das Reichskuratorium für Wirtschaftlichkeit ließ »Konstruktive Unterlagen« ausarbeiten, welche zwar nicht sehr umfassend waren, aber doch einen weiteren Versuch zur systematischen Ordnung der konstruktiv wichtigen Gesichtspunkte bedeuten. Der Ausbau auch dieser Unterlagen, welche ihrem

---

[1]) Vgl. Erkens, Entstehen der »Gruppe Konstruktion«, ihre Gliederung und ihre Ziele. — In Heft 1 der Schriftenreihe der Gruppe Konstruktion. Beuth-Verlag, Berlin, 1930.

[2]) Vgl. Kraft, Die Fortbildung der in der Praxis tätigen Ingenieure. Maschinenbau/Betrieb, Heft 7, 1928, S. 705.

[3]) Vgl. A. Erkens, Beiträge zur Konstrukteurerziehung. Ž. VDI 72 (1928), S. 17.

Inhalt nach wie die vorgenannte Arbeit eine große Bedeutung hätten gewinnen können, ist unterblieben. Durch die Aufnahme dieser »Unterlagen« in ein dickes, durch den Titel allein auf den Betriebsmann zugeschnittenes Buch[1]) dürften sie in den Konstruktionsbüros unbekannt geblieben sein.

Einen anderen Ausschnitt aus einer Konstruktionslehre des Maschinenbaues hat in recht guter Weise C. Gensel gegeben[2]). Dieser Verfasser beschränkt sich von vornherein auf die Betrachtung der Abhängigkeit der Wirtschaftlichkeit von den verschiedenen dem Konstruktionsingenieur zur willkürlichen Entscheidung in die Hand gegebenen konstruktiven Größen. Auch diese Arbeit hat kaum Verbreitung gefunden.

Die Punkte, welche der heutige Konstruktionsingenieur bei seiner Arbeit zu beachten hat, sind von C. Volk übersichtlich zusammengefaßt worden. Ihre Anzahl ist gegenüber Redtenbacher, Reuleaux und Riedler der modernen Technik und der industriellen Entwicklung entsprechend wesentlich vermehrt. Insgesamt dreißig Einflüsse faßt C. Volk in die drei Gruppen zusammen: Gesichtspunkte der betriebsgerechten Konstruktion, der werkstoffgerechten Konstruktion und der werkstattgerechten Konstruktion.»Jeder einzelne Begriff ist nur als Überschrift eines ganzen Abschnittes zu bewerten; in jedes Feld werden sich in Sonderfällen auch weitere Begriffe eintragen lassen. Die Tafel (vgl. Tafel I) soll bei der kritischen Untersuchung einer vorhandenen, abzuändernden Bauart und bei der Beurteilung des Weges zur konstruktiven Neuschaffung verwendet werden«[3]). C. Volk hat mit dieser Tafel der »konstruktive Einflußgrößen«, wie man sie nennen müßte, einen großen Schritt auf dem Wege getan, zu einem planvollen, überlegten, lückenlosen Konstruieren zu gelangen.

Manchen guten Anlauf hat die Konstruktionslehre des Maschinenbaues schon genommen. Aber keine der Kräfte war stark genug, die sich entgegenstellenden Widerstände zu über-

---

[1]) Handbuch der Rationalisierung. Spaeth & Linde, Berlin, 1930, S. 212.

[2]) C. Gensel, Wirtschaftlich konstruieren. Vieweg: Braunschweig 1929.

[3]) Vgl. C. Volk, Entwicklung von Triebwerksteilen. Z. VDI 82 (1938), S. 1232/1234.

Tafel I. Richtlinien für die Beurteilung konstruktiver Maßnahmen. Von C. (Volk).

A Werkstoffgerechte Konstruktion, konstruktionsgemäßer Werkstoff	B Werkstattgerechte Konstruktion, konstruktionsgemäße Herstellung	C Betriebsgerechte Konstruktion, konstruktionsgemäßer Betrieb
1. Anlieferungszustand. Gewicht, Preis des Werkstoffes	1. Guß, Knetformung, Spanformung usw.	1. Beanspruchung, Kräfte, Widerstände, Formänderungen. Stör- und Schutzspannungen. Schutzformen
2. Werkstoffkosten, Werkstoffbeschaffung, Einfuhr, Ausfuhr	2. Herstellungskosten, Lohnkosten	2. Geschwindigkeit, Beschleunigung, Anlassen, Abstellen, Regeln
3. Werkstoffverteilung, Wandstärkeneinfluß	3. Werkzeugkosten, Maschinenkosten	3. Reibung, Schmierung, Heißlauf
4. Festigkeit des angelieferten und des geformten Werkstoffes (Gestaltfestigkeit)	4. Herstellungszeit, Lieferfrist	4. Zulässige Abnutzung, Nachstellen, Nacharbeit, Fristen für Erneuerung, Verwertung der Altstoffe
5. Einfluß von Legierungen (Störstoffe, Schutzstoffe), Härten, Vergüten	5. Ausschußgefahr	5. Wirkungsgrad, Betriebserfahrungen, Störungen auf der Antrieb- oder Abtriebseite, Versuchsergebnisse
6. Bruchgefahr, Fließgefahr, Abnutzung	6. Lage und Größe der bearbeiteten Flächen, Bearbeitungseinflüsse, Oberflächengüte	6. Betriebskosten
7. Verhalten der Oberfläche gegen schädliche Einflüsse, Verwendung von Schutzschichten	7. Spannen und Messen, Vorrichtungen, Lehren	7. Zweckmäßigkeit, Übersichtlichkeit
8. Oberflächengüte des Werkstoffes (Laufeigenschaften usw.)	8. Toleranzen, Passungen, Austauschbarkeit, Form- und Lagegenauigkeit, Spiel	8. Wartung, Reinigung
9. Verhalten bei hohen und tiefen Temperaturen usw., Wärmeleitfähigkeit	9. Zusammenbau, Lagensicherung	9. Klarheit, Schönheit, Reife
10. Technologische Eigenschaften, Bearbeitbarkeit usw.	10. Verbindung der Baukörper (fest, lösbar, einstellbar)	10. Lebensdauer, Mittel zu ihrer Verlängerung

winden. Alle sahen nur das rein sachliche Problem: die Wirkung, die Funktion, den Baustoff und die Herstellung. An dem Widerstand aber der für sie theoretisch spröden Technik des Konstruierens, an einem Widerstand, der ihnen gar nicht bewußt wurde, kam ihr Marsch stets schon nach den ersten Schritten zum Halt. Nach dem Studium der Entwicklung der Konstruktionslehre bis zu diesem Punkt und nach dem Vergleich mit der Entwicklung anderer technischer Gebiete, ist es aber heute nicht mehr schwer, den richtigen Weg zu finden. Er heißt: Darstellung der Technik des Konstruierens. Gelingt es, diese zu erforschen, dann sind mit ihr die allgemeingültigen Unterlagen aller Konstruktionslehren gegeben.

Der letzte Schritt zu einer Konstruktionslehre setzt außer der Beachtung der konstruktiv-technischen, sachlich-mechanischen Erfordernisse auch noch die Anwendung der Regeln einer konstruktiven Technik voraus. Das Gefühl, daß die zahlreichen konstruktiven Gesichtspunkte der Tafel I nicht zusammenhanglos nebeneinander bestehen, sondern im Gegenteil ein straffes, engverknüpftes System bilden, ist bei wissenschaftlich denkenden Konstruktionsingenieuren schon seit langer Zeit vorhanden. Eine Andeutung einer solchen Erkenntnis findet sich z. B. bei Erkens[1]): »Typisch ist hierbei das schrittweise Vorwärtsschreiten zur Erreichung einer Kombination, die durch fortgesetztes Prüfen und Abwägen ein Ausgleichen manchmal recht gegensätzlicher Forderungen erheischt, bis dann als Ergebnis zahlreicher Gedankenverbindungen, eines Netzes von Gedanken, die Konstruktion entsteht.« Dieser Ansatz zu einer psychologischen Betrachtung des Konstruierens ist noch weiter getrieben bei Schwerber[2]), welcher durch die Anwendung der Lehren der Psychologie bedeutende praktische Vorteile für das Konstruieren erwartet. Wenn auch dieser Autor nicht von einer Konstruktionslehre spricht, so ist seine

---

[1]) Vgl. A. Erkens, »Die grundlegenden Konstruktionsbedingungen«. In: Die Grundlagen der Konstruktion. Heft I der Schriftenreihe der ADKI. Berlin: Beuth-Vertrieb 1930. Vergleiche hierzu auch Bild 41.

[2]) Vgl. P. Schwerber, Neuzeitliche Methodik zur Fehlervermeidung bei Konstruktionszeichnungen. Aluminium 10 (1938), S. 17/21.

Methodik doch ein behelfsmäßiger Ersatz für jene Technik, welche eine Konstruktionslehre zu vermitteln hätte.

Methodische Gesichtspunkte äußerte unabhängig von der hier vorliegenden Veröffentlichung[1]) und etwa gleichzeitig mit dieser F. Kesselring[2]) in seinen »Gedanken zu einer Gestaltungslehre«. Dieser Autor befaßt sich im Gegensatz zu den vorgenannten Veröffentlichungen nicht mit der Konstruktionslehre des Maschinenbaues, sondern behandelt eine allgemeine »Methodik des Konstruierens«. Da der Begriff der Methodik das Anstreben eines Zieles auf durch Planung gelenkten und durch Erprobung bewährten Wegen zum Inhalt hat, deckt sich im vorliegenden Gebiet dieser Begriff weitgehend mit dem Begriff der Technik. Da die erwähnte Arbeit sich aber auf die Lenkung der Entwicklung mit Hilfe eines Bewertungsschemas (nach Kesselring: Gestaltungsschema) beschränkt, erfaßt sie aus dem Gesamtaufgabengebiet der Technik des Konstruierens vorläufig nur einen Teilausschnitt.

Wird das in diesem Abschnitt Behandelte kurz zusammengefaßt, dann ist zu sagen, daß vieles für den Aufbau einer Konstruktionslehre Notwendige schon einmal gedacht, ja mehr noch, auch schon geäußert worden ist. Die vorliegende Arbeit nimmt daher nur für sich in Anspruch, erstmalig das Wesentliche des Konstruierens in seinem ganzen Umfang und dieses bewußt und geordnet zum Ausdruck gebracht zu haben.

Die geschichtliche Entwicklung der konstruktiven Aufgabenstellung von der bloßen Wirkungsaufgabe zur heutigen Gesamtaufgabe wurde im vorstehenden an Hand des einschlägigen Schrifttums in Zusammenschau mit der bisher nicht im mindesten Schritt haltenden Entwicklung der Konstruktionslehre verfolgt. Der Betrachtung der heutigen Gesamtaufgabe einer Konstruktion ist der folgende Abschnitt gewidmet.

---

[1]) Die Grundgedanken wurden erstmalig am 15. 12. 1937 in Wien einem größeren Kreis mitgeteilt in dem Vortrag: »Die allgemeinen Gesetze der Konstruktionstechnik.« (Öst. Ingenieur- u. Arch.-Verein.)

[2]) Vgl. F. Kesselring, Die starke Konstruktion. Z. VDI 86 (1942), S. 321. Im Gegensatz zu den vorstehend genannten anderen früheren Arbeiten sind die Aussichten auf Weiterentwicklung und Ausbau bis zur praktisch brauchbaren Reife günstig, weil hinter dieser Arbeit nicht mehr nur ein einzelner steht.

IV. Der Inhalt der konstruktiven Aufgabe

A. Teilaufgabe — Gesamtaufgabe

Über die Art der Fragestellung bei konstruktiven Aufgaben kann am besten ein einfaches praktisches Beispiel Auskunft geben.

Es sei verlangt, für ein mit der Kraft P belastetes drehbewegtes Teil *1* (Schwinghebel, Zahnrad oder ähnliches) eine Lagerung zu schaffen (Bild 24).

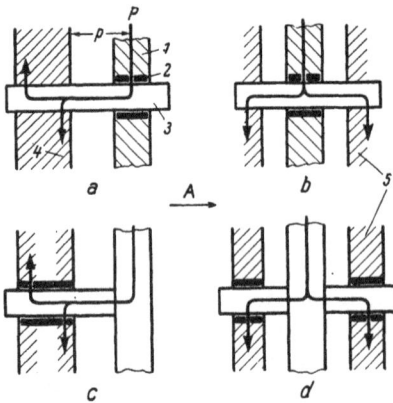

Im einfachsten Falle a erfolgt die Lagerung dieses Teiles *1* mit Hilfe einer Bohrung *2* unmittelbar auf einer feststehenden zylindrischen Achse *3*, welche die Lagerkräfte von der Belastung P herrührend auf eine Tragkonstruktion *4* überträgt.

Die Aufgabe läßt — zunächst nur wirkungsmäßig gesehen — außerdem drei weitere verschiedene Lösungen zu (Bild 24). Bei Lösung b ist die Achse zweiseitig gestützt. Die Einspannstellen sind mäßig beansprucht im Gegensatz zur Anordnung nach Schema a. Bei Lösung c ist das bewegte Teil *1* fest mit der Achse *3* verbunden; diese ist ihrerseits in dem Tragteil *4* geführt, welches nun eine Lagerbohrung mit Gleiteigenschaften erhält. Die Lagerung ist wie bei a einseitig, fliegend. Bei Lösung d erfolgt die Lagerung der Achse über zwei Lagerstellen.

Bild 24. Grundsätzlich mögliche Lösungen einer Lagerungsaufgabe.

Die Wahl einer dieser möglichen, grundsätzlichen Ausführungsformen wird sich aus Festigkeitsfragen, Schmierungsfragen, Betriebsverhältnissen usw. nicht eindeutig erzielen
lassen. Es wird — mit Ausnahme von Extremfällen — jede
dieser Anordnungen an jede Belastung, jede Drehzahl usw.
durch entsprechende Gestaltgebung und Wahl der Baustoffe
zufriedenstellend angepaßt werden können. Die verlangte Wirkung allein — also die Aufgabe: Lagerung eines gegebenen
sich drehenden Teiles — gibt zwar notwendige, aber bei weitem
nicht hinreichende Bestimmungsstücke für die industrielle Konstruktion. Um eine Entscheidung zwischen den kinematisch
möglichen Lösungen treffen zu können, sind weitere Beziehungen aufzusuchen; d. h. es sind neben der Wirkung auch herstelltechnische, baustofftechnische, preisliche und viele andere
Gesichtspunkte zu berücksichtigen.

Für den Fall des Beispieles werde zunächst der Kostenaufwand ganz roh überprüft. Es ist nicht zu bezweifeln,
daß die Ausführungen b, d — wenn die Gegenlagerböcke 5 nicht
auch aus anderen Gründen schon erforderlich sind — in den
Herstellkosten teurer sein müssen als die Ausführungen mit
einseitiger Lagerung a, c, wenngleich die zweiseitig gelagerte
Achse wegen der günstigeren Verteilung der Lagerdrücke
schwächer wird und auch die Bohrungen dadurch selbst kürzer
werden könnten. Dieser Vorteil wird aber den größeren Gesamtaufwand der Tragkonstruktion 5 kaum auszugleichen imstande
sein. Damit wären durch Vorauswahl unter der Annahme,
daß die Gegenböcke 5 aus anderen Gründen nicht erforderlich
sind, die vier funktionell gleichwertigen Möglichkeiten a—d
aus Kostengründen zunächst auf zwei verringert.

Die noch notwendige Entscheidung zwischen a und c
wird bei einer praktischen Aufgabe durch weitere Forderungen
herbeigeführt werden. Z. B. sei verlangt, daß die Lagerstelle
gelegentlich geschmiert werden muß, die Einrichtung aber
nur von einer Seite in Richtung A zugänglich sein soll.

Die Lösung c führt nicht zu einer befriedigenden Lagerung,
da weder Kantenpressungen zu vermeiden sind, noch eine ausreichende Schmierfilmbildung unter der in der Bohrung notwendigerweise schräg liegenden Achse möglich ist. Wird dagegen in Lösung a die Achse fest eingepreßt und auf irgend-

eine der vielen möglichen Arten durch die durchbohrte Achse hindurch Öl an die eigentliche Lagerstelle herangebracht, so ergibt sich eine lagertechnisch befriedigende Lösung.

Aus dieser Überlegung folgt die Entscheidung für die Lösung *a* nunmehr zwangläufig. Damit ist die Frage der grundsätzlichen Anordnung der Lagerung beantwortet. Der Konstruktionsingenieur hat aber, ehe er an die zeichnerische Festlegung dieser ersten Überlegungen schreiten kann, noch weitere Fragen zu stellen bzw. zu beantworten: Unter anderem die, welche Kräfte P treten auf; aus welchem Baustoff ist diesen entsprechend die Achse und die Schale herzustellen; wie genau ist ihr Durchmesser und jener der Bohrung einzuhalten; welche Oberflächengüte der Laufflächen ist zu fordern?

Es werde nur der eine Punkt Baustoff noch kurz gestreift. Die Baustoffe der Achse und des Lagers haben nicht nur die durch die Belastung P hervorgerufenen Spannungen zu ertragen, welche bei dem Lager als Flächenpressungen in Erscheinung treten, sondern sind auch durch Gleitreibung verursachten molekularen Zerstörungen der Oberfläche ausgesetzt. Der Abrieb an einem oder an beiden Konstruktionselementen Achse und Lager darf mit Rücksicht auf die Gebrauchsdauer nur mit einer gewissen Geschwindigkeit erfolgen. Besteht das Teil *1* z. B. aus Bronze, dann könnte bei unmittelbarer Lagerung die Achse aus Stahl sein. Besteht das Teil *1* aus Stahl, dann könnte die Achse *3* bei kleinen Biegemomenten $P \cdot p$ etwa aus Zinnbronze vorgesehen werden. Aus volkswirtschaftlichen Gründen ist aber diese Lösung noch eingehend dahin zu prüfen, ob die Zinnbronze überhaupt unerläßlich ist — was nur selten zutrifft — und ob, falls dies doch der Fall sein sollte, dann nicht die bei höheren Biegemomenten allein übliche Lösung zu geringerem Baustoffaufwand führt: Die Achse *3* bleibt in Stahl, das Teil *1* erhält eine Laufbuchse *2* aus Zinnbronze, um geeignete Reibungs- und Verschleißverhältnisse herzustellen. Die gleiche Anordnung wäre erforderlich, wenn das Teil *1* aus Leichtmetall bestünde. Bei Kunstharzpreßstoff oder Zinklegierung müßte dagegen die Möglichkeit unmittelbarer Lagerung eingehend geprüft werden, wenn nicht durch Rücksichten auf leichte Instandsetzbarkeit ohnedies auswechselbare Lagerbuchsen notwendig sind.

Die Überlegungen sind, wie die Nebenausblicke zu erkennen geben, nur ein Bruchteil der bei der konstruktiven Lösung selbst eines grundsätzlich so einfachen Konstruktionselementes auftretenden Probleme.

Diese ohne jede Systematik und daher ohne Kenntnis der Grenzen des ganzen Fragenkomplexes angestellten Überlegungen lassen leicht die Meinung verstehen, welcher in früheren Zeiten Ausdruck verliehen wurde, daß nämlich die Zahl der konstruktiven Bedingungen nach oben hin überhaupt nicht begrenzt wäre, sondern nur von dem mehr oder weniger großen Weitblick des Konstruierenden abhinge: Je umfassender seine Erfahrung sei, um so komplizierter würde für ihn die Aufgabe.

Ehe also auf die Aufsuchung der Grenzen der Aufgabe eingegangen wird, muß erst einmal definiert werden, was die konstruktive Aufgabe eigentlich ist; d. h. es ist klarzustellen, welche von den vielen genannten Anforderungen: Wirkung, Berücksichtigung der Baustoffeigenschaften, Berücksichtigung der Herstellverfahren, Beachtung des Preises usw. die konstruktive Aufgabe darstellt.

Der geschichtliche Überblick des vorhergehenden Kapitels hat gezeigt, wie ursprünglich nur in der Wirkungsaufgabe allein das konstruktive Problem gesehen wurde und daß alle anderen Entscheidungen den ausführenden Handwerkern überlassen blieben.

Mit der Entwicklung der mechanischen Industrie und deren industriellen Erzeugung wurde aber die Aufgabe der Verwirklichung der Idee in der Werkstatt immer mehr als gleichwertig mit dem Ersinnen der grundsätzlichen Wirkungsweise erkannt. Heute ist es für jeden konstruierenden Ingenieur eine Selbstverständlichkeit, den verschiedensten Betriebsanforderungen und den Bedingungen, die sich aus Naturgesetzen, Baustoff, Fertigung und Wirtschaftlichkeit ergeben, grundsätzlich die gleiche Wichtigkeit beizumessen. Unter dieser Voraussetzung ist eine konstruktive Aufgabe daher keine einfache Einzelaufgabe mehr, sondern eine Summe nebeneinander bestehender Aufgaben — Teilaufgaben —, welche zusammen erst die konstruktive Gesamtaufgabe bilden (Bild 25).

Um zu einer Aussage darüber zu gelangen, wie groß die Zahl der zu beachtenden Teilaufgaben ist, muß notwendigerweise eine Festsetzung darüber getroffen werden, was unter einer Teilaufgabe im engeren Sinne zu verstehen ist. Es wäre falsch und würde tatsächlich die Zahl der Teilaufgaben ins Unübersehbare führen, wenn jeder konstruktive Gedanke, der nur durch eine Kombination von zwei oder mehr Vorstellungen befriedigt werden kann, wie z. B. die beiden Fragen, wie spanne ich das Werkstück, wie liegen die Spannflächen zu den Bearbeitungsflächen, schon als konstruktive Teilaufgabe betrachtet würde. Diese beispielsweise angeführten Gesichtspunkte sind

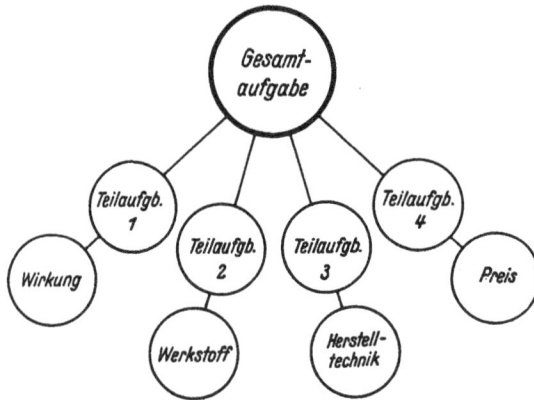

Bild 25. Die konstruktive Aufgabe als Gesamtheit einer Anzahl von Teilaufgaben.

sicher konstruktiv notwendige Überlegungen. Sie nehmen aber nur selten einen wesentlichen oder entscheidenden Einfluß auf die konstruktive Durchbildung, so daß der hierfür gültige Oberbegriff »Rücksichtnahme auf Vorrichtungen« allgemein viel fruchtbarer ist.

Es ergibt sich aus diesem Beispiel die Begriffsbestimmung der Teilaufgaben als solcher Anforderungen und Rücksichtnahmen, welche die Konstruktion grundsätzlich zu beeinflussen vermögen. Damit ergibt sich eine Beschränkung der Zahl der Teilaufgaben, durch welche die allgemeine Gesamtaufgabe gebildet wird, auf etwa ein Drittelhundert. In den praktischen Sonderfällen werden oftmals einige dieser Teilaufgaben nicht gestellt sein, dafür kann die eine oder die andere Sonderforderung hinzutreten. So wird z. B. die Zusammensetzung der Teilaufgaben bei Gleitlagern von jener der Kon-

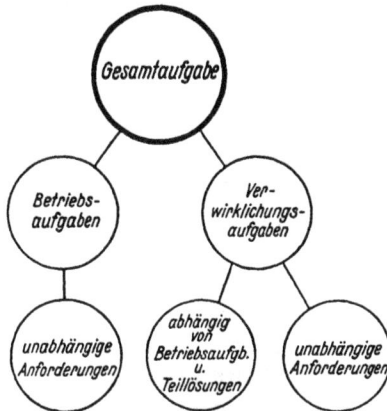

Bild 26. Einteilung der Teilaufgaben in Betriebsaufgaben und Verwirklichungsaufgaben.

struktionselemente im allgemeinen abweichen, weil bei diesen Lagern Umstände bestehen, die sonst nirgends eine Rolle spielen[1]). Die Summe aller maßgebenden Teilaufgaben ist ziemlich konstant.

Die so definierten Teilaufgaben lassen sich in zwei große Gruppen zusammenfassen: Betriebsaufgaben und Verwirklichungsaufgaben (Bild 26).

B. Betriebsaufgaben

Die Betriebsaufgaben ergeben sich aus den Anforderungen, welche der Kunde an das Erzeugnis stellen muß, damit er es zur Befriedigung der bei ihm vorliegenden Bedürfnisse einsetzen kann. Die Betriebsaufgaben schreiben dem Konstruktionsingenieur die von dem Erzeugnis verlangte Wirkung, die besonderen Arbeitsbedingungen am Betriebsort, die Anforderungen der Handhabung usw. vor. Die Betriebsaufgaben sind nicht immer identisch mit den Kundenanforderungen; in vielen Fällen müssen diese als komplexe Anforde-

---

[1]) Vgl. Abschnitt XI, S. 136, 140, 146.

rungen erst gründlich analysiert werden, um zu eindeutigen Betriebsaufgaben zu gelangen. Die am häufigsten wiederkehrenden Betriebsteilaufgaben sind im folgenden kurz behandelt.

Wirkung[1]). Jede Maschine und jedes Gerät und in diesen jedes einzelne Teil haben in einer durch die Konstruktion eindeutig bestimmten Weise zu wirken. Eine Lagerschale z. B. hat Kräfte aufzunehmen, auf die Stützkonstruktion zu übertragen und die Drehung der Welle zu ermöglichen. Die Stützkonstruktion hat die Lagerschalen festzuhalten, die Kräfte auf die Grundplatte weiterzuführen und die entstandene Reibungswärme möglichst rasch abzuleiten und abzustrahlen. Die Maschinengrundplatte hat mehrere Stützkonstruktionen als Einzelteile aufzunehmen und sie in gegeneinander genau vorbestimmten Lagen zu verankern. Ferner hat sie das Gewicht aller Einzelteile zu übernehmen und dieses sowie gewisse freie Kräfte an bestimmten Stellen unmittelbar, oder über federnde Zwischenglieder an das Fundament zu übertragen.

Je nachdem, welche Energieformen die einzelnen Konstruktionselemente durchfließen, wirken diese nur mechanisch, oder auch elektrisch, magnetisch, akustisch, optisch, thermisch

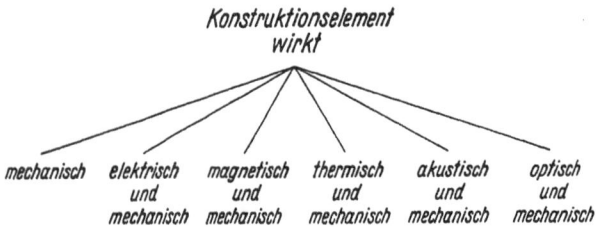

Bild 27. Beanspruchung der Konstruktionselemente durch verschiedene Energieformen.

oder chemisch (Bild 27). Da die nichtmechanisch wirksamen Teile als Konstruktionselemente mit anderen Körpern zusammengebaut werden, erfahren sie durch Nieten, Schrauben usw. stets auch mechanische Beanspruchungen.

---

[1]) Auf die einzelnen Teilaufgaben näher einzugehen, ist Sache der Konstruktionslehre und nicht Sache der Technik des Konstruierens. Im folgenden wurden daher die Teilaufgaben nur so weit behandelt, als dies für das Verständnis der »Technik« erforderlich schien.

Die Einzelteile werden nicht nur bei Ausübung ihrer Wirkung und durch Betätigung beansprucht, sie sind in der Fertigung Beanspruchungen durch verschiedene Energieformen ausgesetzt, welche mit der betriebsmäßigen Beanspruchung nichts zu tun haben, z. B. hohen Temperaturen beim Härten. Diese letzteren Beanspruchungen sowie jene bei Transporten durch Gegenden mit ungünstigen Beförderungsmitteln und extremen Klimata sind gesondert zu betrachten; sie werden bei anderen Teilaufgaben erfaßt.

Die Wirkung eines Gerätes, einer Maschine, setzt sich aus den Wirkungen der einzelnen Konstruktionselemente zusammen. Die Teilwirkungen können oftmals sehr verschieden angenommen werden, ohne daß die Gesamtwirkung sich dadurch änderte. Z. B. können wirkungsmäßig ein Schneckengetriebe und ein Kegelrad-Stirnradgetriebe durchaus gleichwertig sein. Diese Gesichtspunkte werden erfaßt von der Verwirklichungsteilaufgabe: »Wirkungsweise.« Wichtig ist es, die geforderte Wirkung als die primäre Aufgabe eindeutig zu erkennen und festzulegen.

Mechanische Bedingungen des Verwendungsortes. Für die Konstruktion eines Erzeugnisses gehen sehr wesentliche Anforderungen aus von der Eigenart der Arbeitsbedingungen am Verwendungsort. Der eine Teil dieser Anforderungen betrifft die mechanischen Umstände, also die Stöße, Erschütterungen und Schwingungen, welche am Verwendungsort auftreten und welche von dem neu zu konstruierenden Erzeugnis ferngehalten oder ertragen werden müssen, oder welche in dem Erzeugnis auftreten und gegen welche der Betriebsort zu schützen ist (Bild 28). Die Beschleunigungen können zwischen den kleinsten Werten und den heftigsten Schlägen mit dem mehrhundertfachen der Erdbeschleunigung (z. B. bei Waffen) liegen. Einzelschläge und dauernde Schwingungen, z. B. bei Fahrzeugen, wirken verschieden. Die am Betriebsort auftretenden Kräfte beanspruchen alle Konstruktionselemente zusätzlich mechanisch; bei längerer Einwirkung größerer, äußerer Schwingungsimpulse und Stöße können auch thermische und chemische (Reiboxydation) Beanspruchungen einsetzen. Die bei Erschütterungen — also nicht durch die Wirkung des Erzeugnisses bedingten — auftretenden Massen-

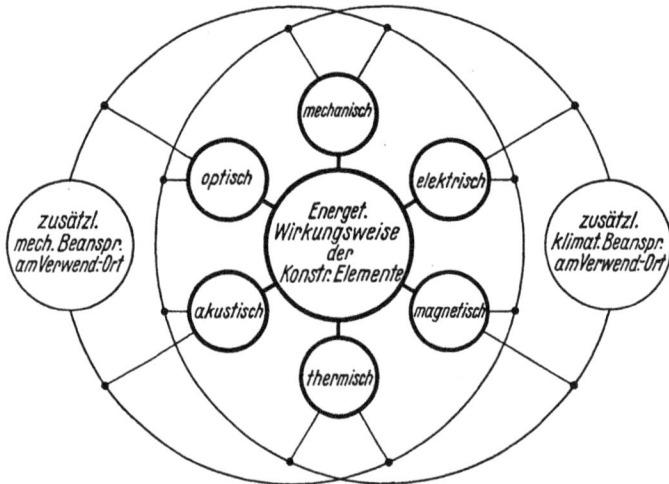

Bild 28. Zusatzbeanspruchungen mechanischer und klimatischer (chemischer)
Art durch den Betrieb am ·Verwendungsort.

kräfte können höher sein als die üblicherweise angewandten
mechanischen Vorspannungen und als die Betriebskräfte.

Zu den mechanischen Bedingungen gehören ferner die
unbeabsichtigt durch Menschen verursachten mechanischen
Beanspruchungen beim Fallenlassen, Darauftreten, Anstoßen,
Darüberfahren usw., denen stets entsprechend Rechnung getragen werden muß.

Klimatische Bedingungen des Verwendungs-
ortes. Ein anderer Teil der Anforderungen des Betriebsortes
geht von den klimatischen Verhältnissen desselben aus (Bild 28).
Höchste und tiefste Temperatur, höchste und tiefste Luftfeuchtigkeit und deren Wechselspiel, Mischungsverhältnis
zwischen reiner Luft und korrosiven Gasen und Dämpfen,
Staubgehalt der Luft, Luftdruckverhältnisse, Stürme, Be-
rieselung mit reinem Regenwasser, Seewasser, Säuren oder
laugehaltigen Lösungen, Vereisung, Insekten, Pflanzenwuchs
usw. müssen bei einer klimafesten Konstruktion berücksichtigt
werden. Ferner fallen unter diesen Gesichtspunkt auch die
Angriffe aggressiver chemischer Agenzien, denen gewisse Ele·
mente z. B. des Apparatebaues ausgesetzt sind. Schließlich

gehört hierher auch die Umkehrung der Aufgabe, nämlich die Berücksichtigung explosiver und leichtentzündlicher Gase oder Stoffe in der Umgebung der zu konstruierenden Geräte oder Maschinen.

Bedingungen für Größe und Gewicht. Bei ortsfesten Geräten und Maschinen verlangen — abgesehen von dynamisch beanspruchten Konstruktionselementen — im allgemeinen herstellwirtschaftliche und volkswirtschaftliche Gesichtspunkte kleine Abmessungen und kleine Gewichte. Werden aber die Erzeugnisse in Landfahrzeuge, Schiffe oder Flugzeuge eingebaut, dann treten schärfste Anforderungen in bezug auf das Gewicht und meist auch in bezug auf die Abmessungen auf. Rücksicht auf Energieverbrauch, Betriebskosten, Volkswirtschaft usw. stellen diese Forderungen. Die gleichen Anforderungen gelten auch für tragbare Geräte und Maschinen, wobei auch physiologische und psychologische Gesichtspunkte beachtet werden müssen. Ferner gehört hierzu auch die Berücksichtigung der Tragfähigkeit des Aufstellungsortes.

Versandfähigkeit. Die Versandfähigkeit hängt davon ab, wie weit die Erzeugnisse räumlich und mechanisch den Versandarten gewachsen sind. Es müssen die Erzeugnisse so verpackt werden können, daß die zu erwartenden Transporte auf Bahnen, Schiffen, Flugzeugen, mit Landfuhrwerken oder auf Trägerrücken möglich sind. Dadurch hängt die Transportfähigkeit auch ab von Größe und Gewicht und vom Zusammenbau, d. h. also von der Zerlegbarkeit in einzelne Baugruppen oder Untergruppen. Zu beachten sind bei vielen Erzeugnissen die Versandkosten, welche durch konstruktive Maßnahmen nicht unbedeutend zu beeinflußen sind.

Zölle werden durch die Art der Erzeugnisse, durch die Art der Baustoffe und durch das Gewicht bestimmt. Auf die beiden letzteren Umstände hat der Konstruktionsingenieur Einfluß.

Anforderungen der Handhabung. Bei Geräten und Maschinen, an welchen im Betrieb, vor deren oft wiederholter Inbetriebsetzung oder bei deren Transport Handhabungen vorzunehmen sind, müssen die zu betätigenden Griffe, Handräder, Druckknöpfe, Hebel usw. sowohl arbeitsphysiologisch als auch arbeitspsychologisch richtig bemessen, angeordnet und

ausgeführt sein. Nur dann wird der Betätigende mit dem
Gerät oder der Maschine gern arbeiten, wenn ihm dieses in
der Art der Betätigung zusagt. Von dieser einseitigen Wertschätzung hängt oftmals das endgültige Urteil über die Bewährung des Erzeugnisses und auch die erreichbare Gebrauchsdauer, also letzten Endes der Erfolg des Erzeugnisses ab.

Bei den Anforderungen, die von der Handhabung ausgehen, ist stets der handhabende Personenkreis zu beachten.
Es ist zu berücksichtigen, daß ein Büroangestellter seinen
Fernsprecher anders behandeln wird und kann als ein Gruben-
arbeiter den Grubenfernsprecher, oder daß ein Lokomotiv-
führer seine Maschine anders behandelt als der Autobesitzer,
obwohl alle vom gleichen Bestreben gelenkt sein können, die
höchste Betriebssicherheit und größte Gebrauchsdauer zu erzielen. Ferner ist zu beachten, daß bei vielen Erzeugnissen
aushilfsweise auch ungeschultes oder nicht ausreichend ge-
schultes Personal eingesetzt werden kann. Je nach der erforderten Betriebssicherheit ist hierauf mehr oder weniger
Rücksicht zu nehmen.

Wartung im Betrieb. Ein mit der Handhabung
arbeitstechnisch eng zusammenhängender Gesichtspunkt ist
die Wartung technischer Erzeugnisse im Betrieb. Im Gegensatz zur Handhabung steuert aber die Wartung nicht die
Wirkung, sondern sie sichert die Bedingungen zur Ausübung
der Wirkung. Mit der Wartung ist daher gemeint das Reinigen,
Schmieren, Betriebsstoffnachfüllen, Auswechseln von Teilen
geringerer Gebrauchsdauer (z. B. Glühlampen, Zündkerzen,
Sicherungen), Nachziehen von Schrauben, Nachstellen bei
Zahnrädern usw. Verläßliche Wartung — eine Vorbedingung
für hohe Betriebssicherheit — verlangt gute Zugänglichkeit
der zu wartenden und überwachenden Teile, sowie weitgehende
Vereinheitlichung, z. B. durch Anwendung möglichst gleicher
Schraubenabmessungen.

Instandsetzungsmöglichkeit. In bezug auf die Instandsetzung nach Beschädigungen oder nach unzulässig groß
gewordenem Verschleiß — wie z. B. an Lagerbuchsen, Brems-
belägen — können zwei verschiedene Forderungen gestellt
sein: Einmal kann der Kunde verlangen, daß alle häufiger zu
ersetzenden Teile austauschbar als Ersatzteile geliefert werden

und von ihm selbst ausgewechselt werden können. Andererseits kann z. B. bei großem Aufwand an Vorrichtungen sowie an Sondererfahrungen für Ausbau und Wiederzusammenbau es aber auch zweckmäßig sein, sämtliche Instandsetzungsarbeiten vom Lieferwerk oder von entsprechend eingerichteten Reparaturwerken durchführen zu lassen. Daraus ergeben sich wesentlich verschiedene Anforderungen an die konstruktive Durchbildung.

Bei Erzeugnissen mit fertigungsmäßig geringem Arbeits- und Baustoffinhalt kann es auch richtig sein, eine Wiederinstandsetzung von Einzelteilen und Baugruppen überhaupt nicht ins Auge zu fassen, wenn nämlich der hierfür erforderliche Arbeitsaufwand den Neuherstellungsaufwand erreicht oder überschreitet bzw. die Instandsetzung den Aufwand von Sparstoffen erfordert. In solchen Fällen ist Auswechslung richtig.

Energieverbrauch. Der Verbrauch an mechanischer, elektrischer, kalorischer und chemischer Energie beim Betrieb von Erzeugnissen ist stark durch die konstruktive Ausführung bedingt. So hängen z. B. die Verluste eines Vorgelegegetriebes nicht nur davon ab, welche Wirkungsweise (Stirnräder, Schneckenräder), Baustoffe und Herstellverfahren gewählt werden, sondern auch davon, welche Form der zunächst nebensächlich erscheinenden Ölwanne gegeben wird. Da sich alle Verluste in Wärme umsetzen, ergibt sich bei größeren Verlustquellen, z. B. Maschinenlagern, wo dann zur Wärmeabfuhr besondere Vorkehrungen getroffen werden müssen, von selbst die Forderung, nach verlustarmen konstruktiven Lösungen zu suchen. Diese Forderung ist in erster Linie volkswirtschaftlich bedingt.

Unter dem Oberbegriff Energieverbrauch ist auch der durch die konstruktive Lösung bestimmte Verbrauch an nichtkonstruktiven Stoffen, wie z. B. Schmieröl, Kühlöl, Kühlluft usw., welche zur Ableitung von Verlustenergie dienen, zu erfassen.

Gebrauchsdauer. Die Gebrauchsdauer ist die Zeit, während welcher ein Erzeugnis überhaupt in Betrieb gehalten werden kann. Hierzu sind im allgemeinen verschiedene Instandhaltungsarbeiten erforderlich. Je nachdem, ob die Forderung nach hoher Gebrauchsdauer gestellt ist oder nicht, muß die Konstruktion mit geringer Beanspruchung und hoher Widerstandsfähigkeit ausgelegt werden oder nicht. Mit Rücksicht auf den Arbeitsaufwand wird stets die höchsterreichbare Gebrauchsdauer anzustreben sein.

Die technisch höchsterreichbare Gebrauchsdauer verlangt nicht selten den Einsatz von Sparstoffen. Dann ist es mit Rücksicht auf eine volkswirtschaftlich richtige Konstruktion oft zweckmäßig, zur Vermeidung von Sparstoffen die Gebrauchsdauer bewußt zu verkürzen.

Die Gebrauchsdauer ist für alle Konstruktionselemente eines Erzeugnisses entweder gleich groß zu halten, oder es sind die Teile mit bekannt kürzerer Dauer, also etwa die verschleißenden Teile (wie z. B. Lagerbuchsen) leicht auswechselbar vorzusehen.

Betriebssicherheit. Betriebssicherheit ist vorhanden, wenn ein Erzeugnis unter bestimmten Orts- und Handhabungsbedingungen, deren Einhaltung vorausgesetzt wird, seine Wirkung fehlerfrei ausübt, ohne daß zusätzliche Eingriffe, Nachstellen usw. erforderlich sind. Die Betriebssicherheit braucht nicht bei allen Erzeugnissen gleich zu sein. Sie muß z. B. bei einem Wehrmachtfahrzeug höher getrieben werden als bei einem zivilen Fahrzeug. Sie kann bei einem Rundfunkgerät niedriger liegen als bei einem Verstärker für Postfernsprechverbindungen.

Aussehen. Bei zahlreichen technischen Geräten und Maschinen, insbesondere bei solchen, die in das tägliche Leben des Menschen weitreichend eingreifen, wie Auto, Fernsprecher, Rundfunkgerät usw., spielt das Aussehen eine sehr entscheidende Rolle für den Absatz und für die Gebrauchsdauer der Erzeugnisse und ist deshalb von volkswirtschaftlicher Bedeutung. Diese Erzeugnisse sind dem Wandel der Mode viel stärker unterworfen als andere technische Objekte. Es besteht auf allen Gebieten der mechanischen Technik ein mehr oder weniger schnell wechselnder technischer Stil. Auf das Aussehen ist auch bei solchen Geräten zu achten, welche getarnt werden müssen.

Verwendung vorhandener Erzeugnisse. Bei der wirtschaftlichen Konstruktion wird stets das Bestreben herrschen, möglichst weitgehend vorhandene, in großer Stückzahl wirtschaftlich hergestellte Erzeugnisse von passender Wirkung einzusetzen. Z. B. werden heute bei fast allen Werkzeugmaschinen und Einheitsgetrieben listenmäßige Elektromotoren als Antriebsorgane verwendet. Der Einsatz solcher Erzeugnisse zwingt andererseits zu Anpassungskonstruktionen, die nicht nötig wären, wenn Sondermotoren entwickelt werden könnten. Es gibt daher stets eine Grenze, an welcher die Anpassung vorhandener Erzeugnisse unwirtschaftlich wird gegenüber der Sonderkonstruktion. Dagegen sollte der — an sich nicht unverständliche — Wunsch des Konstruierenden, alles selbst wie aus einem Guß gemacht zu haben, die Verwendung von geeigneten vorhandenen Erzeugnissen nicht verhindern.

Rücksicht auf Verbindungsleitungen. Bei dem eine natürliche Entwicklungsrichtung der Technik darstellenden Bestreben, immer leichter und, wo es geht, auch immer kleiner zu bauen, rücken die einzelnen Konstruktionselemente immer enger zusammen, so daß für die Verbindungskonstruktionen wie Rohrleitungen, elektrische Schaltleitungen usw. immer weniger Raum freibleibt. Diese Anforderung der Rücksichtnahme auf Verbindungsleitungen hängt daher eng zusammen mit den Zusammenbauverfahren, den Instandsetzungs- und Wartungsbedingungen.

Als Verbindungsleitungen sind hier nur jene zu betrachten, die nicht bereits einen Bestandteil der konstruktiven Festlegung bilden (diese müssen durch die Gestalt bereits Rücksicht auf den Zusammenbau nehmen), sondern die erst nachträglich mit der fertigen Konstruktion in Verbindung gebracht werden. Z. B. lassen bereits verlegte Kabel oder Rohrleitungen nur ganz bestimmte Anschlußmöglichkeiten zu, die für die Ausbildung des Erzeugnisses von größtem Einfluß sein können. Bei Fernmeldegeräten müssen die elektrischen Anschlüsse (Lötösen) der einzelnen Konstruktionselemente so gelegt werden, daß die Verbindungsleitungen leicht eingelötet oder geschweißt werden können. .

Schutzrechte der Wirkungsweise. Nicht selten tritt die Anforderung auf, eine bestimmte Wirkung auf anderem Wege als dem bereits durch Schutzansprüche verbauten zu erreichen. Hierdurch ergeben sich oft äußerst schwierige Probleme.

C. Verwirklichungsaufgaben

Die Verwirklichungsaufgaben definieren die Anforderungen, denen eine Konstruktion genügen muß, damit sie nicht nur als geistige Prinzipkonstruktion den Naturgesetzen entsprechend möglich erscheint, sondern in der Werkstatt erzeugt werden kann. Der Umfang dieser Anforderungen ist nicht immer gleich: je nachdem ob es sich um eine im Musterbau herzustellende Prinzipkonstruktion zur ersten Überprüfung einer Idee handelt oder um eine Fertigungskonstruktion, muß eine mehr oder weniger große Zahl von Verwirklichungsteilaufgaben betrachtet werden. Stellt die Prinzipkonstruktion die Vorstufe einer Fertigungskonstruktion dar — wodurch sich schon eine gewisse wirtschaftliche Ausrichtung ergibt —, so steht die Zahl der Verwirklichungsaufgaben bei Prinzip- und Fertigungskonstruktion etwa im Verhältnis eins zu drei.

Die wichtigsten Teilaufgaben der Verwirklichung sind im folgenden behandelt.

Wirkungsweise. Eine verlangte, eindeutig ausgesprochene Wirkung kann meist auf verschiedene Weise erzielt werden. Es genüge hier als Beispiel der Hinweis, daß eine bestimmte Bewegung eines bestimmten Konstruktionselementes von einer entfernten Stelle aus bewirkt werden kann sowohl durch rein mechanische Mittel, als auch durch elektromagnetische, pneumatische, optische usw. Übertragung.

Die Ermittlung der günstigsten Wirkungsweise ist die erste der zu lösenden Aufgaben beim Konstruieren. Zahlreiche technische und physikalische oder sonstige naturwissenschaftlich verfolgbare Zusammenhänge sind von Einfluß oder können von Einfluß sein. Es sind nicht immer neue, sondern immer wiederkehrende Betrachtungsstandpunkte, welche bei der Auswahl der Wirkungsweise einer Maschine, eines Gerätes oder eines höheren Konstruktionselementes von solchen zu beachten sind. Diese Standpunkte selbst bleiben gleich, wenn auch die Überlegungen stets andere und oftmals neu sind.

Wenn zu einer geforderten Wirkung eine geeignete Wirkungsweise zu suchen ist, wird stets der erste Gedanke sein: auf welchem Weg wird diese Wirkung oder eine ähnliche

Wirkung bisher erreicht? Die neue Wirkung oder der Wunsch
nach einer neuen Wirkungsweise bei gleichbleibender Wirkung
ergeben sich oftmals aus Unzufriedenheit mit den bisherigen
Erzeugnissen. Der erste Schritt wird also stets das Aufsuchen
und Kritisieren des bereits Bekannten sein. Neben der Betrachtung des letzten Standes der Wettbewerbserzeugnisse
ist aber auch oft ein weiteres Zurückgehen in der Kette der
geschichtlichen Entwicklung wertvoll. Dadurch kann die Gefahr eigener Fehler bei der konstruktiven Entwicklung verringert werden. Andererseits können auch früher unausführ-
bare Ideen, die damals verlassen werden mußten, mit den jetzt
zur Verfügung stehenden Mitteln verwirklicht werden und
bereits grundsätzlich brauchbare Lösungen zeigen oder solche
anregen. In schwierigen Fällen werden nicht nur die Entwicklung der eben betrachteten Erzeugnistypen und deren
Patente zu verfolgen sein, sondern es wird sich oftmals lohnen,
auch das weitere Fachgebiet zu durchdenken. Auch eine
kurze innere Schau über fremde Fachgebiete, auf denen ähnliche Wirkungen verlangt werden, kann manchen wertvollen
Hinweis geben.

Weitere Anregungen zum Auffinden geeigneter Wirkungsweisen liefert ein systematischer Überblick über physikalische
und andere im Wirkungsbereich der zu schaffenden Konstruktion liegende Naturgesetze. Ähnliche Anregungen verschafft auch
eine in der Erinnerung oder tatsächlich durchgeführte Sichtung
von technischen und wissenschaftlichen Fachschriften.

Man wird sich auch an Vorträge, Fachtagungen, Aus-
stellungen, ja selbst an Gespräche über ähnliche Probleme erinnern. Ist in dieser Richtung alles bedacht, dann ist auch alles
berücksichtigt, was als äußere Anregung bei der Festlegung der
günstigsten Wirkungsweise einer Konstruktion hätte nützlich
werden können. Erst wenn alle diese bereits vorhandenen
Erfahrungen keine brauchbare fertige Lösung geben, können
eigene Wege gegangen werden. Erst von da ab kann dem Vorwurf entgegengetreten werden, daß man in eigensinniger Weise
unbedingt Neues erfinden will, nur um etwas Eigenes zu geben.
Die Erfahrungsquellen, welche auf die Wahl der Wirkungsweise Einfluß nehmen können (Bild 29), sollten bei Entwicklungsarbeiten immer — und möglichst nicht nur ganz flüchtig —

geprüft werden. Diese Vorarbeit beeinträchtigt die eigentliche konstruktive Arbeit, im besonderen die Fruchtbarkeit an Einfällen — im Gegensatz zur Meinung mancher Nichtkonstruktionsingenieure — in keiner Weise.

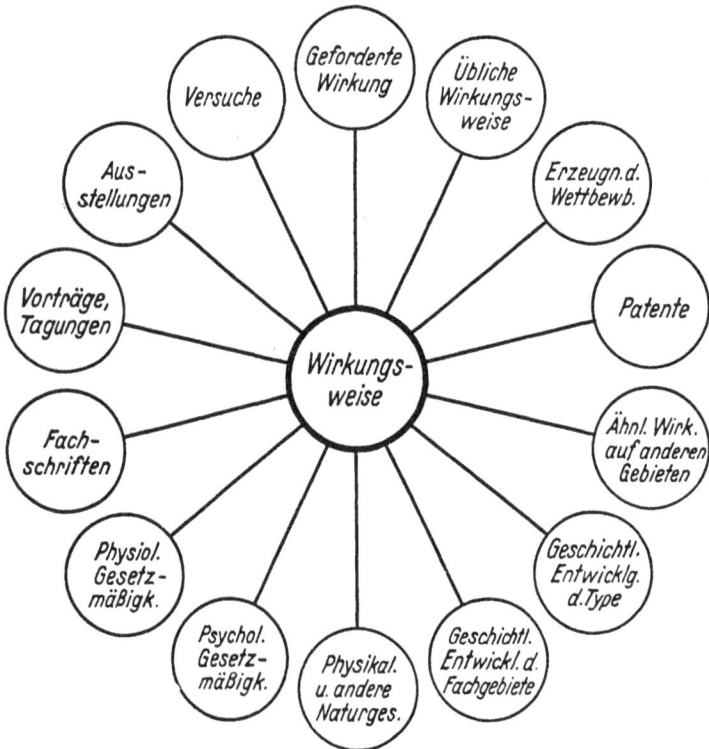

Bild 29. Quellen, welche Erfahrungsstoff zur Auswahl der Wirkungsweise liefern können.

Wird eine eigene Wirkungslösung gesucht, ist also kein größerer, zusammenhängender, brauchbarer Erfahrungskomplex vorgefunden worden, dann sind zunächst die Kräfte, deren zeitlicher und räumlicher Verlauf, die Kraftflüsse oder Leistungsflüsse und deren Verzweigungen festzustellen. Die Annahme einer wirkungsmäßig ungefähr erforderlichen Gestalt läßt zunächst in erster Annäherung die Bestimmung der auftretenden Spannungen zu. Massenwirkungen, Schwingungsmöglichkeiten, Temperatureinflüsse, Reibungseinflüsse, Strömungsprobleme und Korrosionsprobleme geben mit ihren vielen Möglichkeiten eine Unzahl denkbarer Lösungskombinationen. Die Auswahl der geeigneten Kombination erfolgt dann durch Vergleich ihrer Leistungen mit den primär gestellten Anforderungen der Betriebsaufgaben. Eine kurze Übersicht der durch die verlangte Wirkung bedingten möglichen Einflüsse auf die Auswahl einer geeigneten zunächst noch prinzipiellen Wirkungsweise (Bild 30) kann bei der praktischen Arbeit manchen Fehler vermeiden helfen.

In dem Gedankenschema (Bild 30) sind physikalische und technische Einflüsse behandelt. Die Einflüsse der körperlichen Verwirklichung, also die Berücksichtigung der Umstände bei der Herstellung in der industriellen Fertigung blieben hier noch unbeachtet. Die Betrachtung dieser Einflüsse wurde den folgenden Abschnitten vorbehalten, um das Bild der Ermittlung der theoretisch günstigsten Wirkungsweise nicht zu unübersichtlich zu machen.

Die Wirkungsweise ist eine abhängige Teilaufgabe (Bild 26), deren Lösungsform durch die Teillösungen der anderen Teilaufgaben beeinflußt wird. Daher ist auch bei einer Prinzipkonstruktion, welcher später eine Fertigungskonstruktion folgen soll, schon weitgehend Rücksicht auf diese spätere Fertigung zu nehmen, weil sonst die nachträgliche Beachtung der Herstellaufgaben die gefundene prinzipielle Wirkungslösung wieder hinfällig machen kann. Damit wäre aber ein großer Teil der ganzen Vorarbeit für die Prinzipkonstruktion zwecklos gewesen. Eine Prinzipkonstruktion zur Ermittlung der günstigsten Wirkungsweise darf sich nur solche Abweichungen von der Fertigungskonstruktion gestatten, deren Einflußlosigkeit auf die Wirkungsweise gesichert ist.

Gestalt. Die endgültige Gestalt eines Konstruktionselementes entwickelt sich durch Berücksichtigung aller Verwirklichungsaufgaben aus seiner Wirkungsform. Diese letztere ist jene einfachste Gestalt des Konstruktionselementes, in welcher die Erfüllung der Wirkungsaufgabe mit den einfachsten geometrischen Körperformen, deren Art und Zusammensetzung ausschließlich durch die Wirkungsweise bestimmt ist, erreicht wird.

Die Erkennung der Wirkungsform eines Konstruktionselementes ist der erste Schritt zur Verwirklichung überhaupt.
Durch Anpassung dieser Form an die Eigenschaften des Baustoffes und an die Erfordernisse der Herstellverfahren entsteht eine praktisch ausführbare Grundform. Aber erst durch

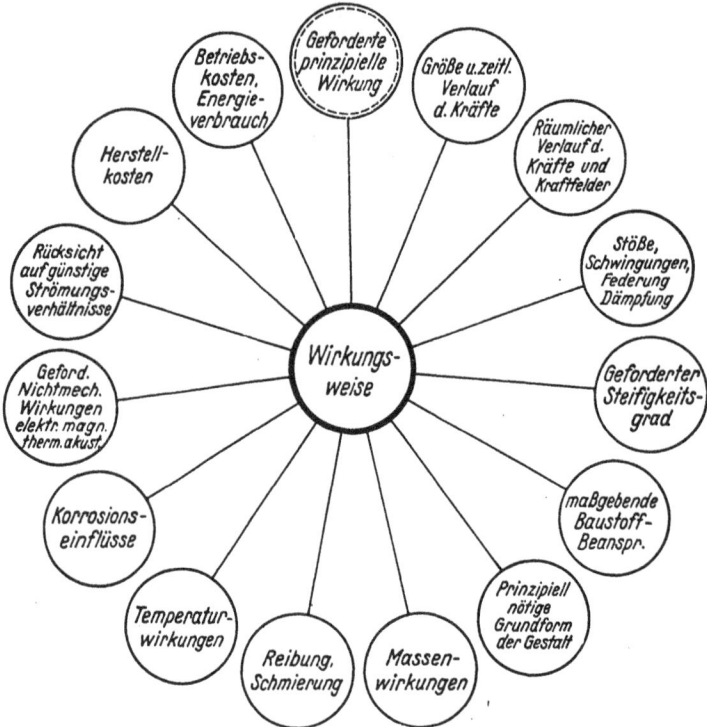

Bild 30. Forderungen, welche durch die Wirkung bedingt sein können und
neben der Prinzipwirkung beachtet werden müssen. Kosten.

Berücksichtigung aller weiteren Teilaufgaben gelangt man zur
Endform. So ist z. B., abgesehen von Ausstellungsstücken,
wo einzelne Teile auch für sich allein bestehen, bei der Bestimmung der Gestalt der Zusammenhang mit den Anforderungen des Zusammenbaues äußerst eng[1]).

---

[1]) Vgl. hierzu die „Bauformenlehre" von C. Volk in „Die
maschinentechnischen Bauformen und das Skizzieren in Perspektive", Berlin: Springer 1939.

Die maßgebende Eigenschaft der Gestalt mit Rücksicht auf die Ausübung der Wirkung ist ·die Steifigkeit, also das Verhältnis der Verformung zu der verformenden Kraft. Der Steifigkeitsgrad ist bei den einzelnen Elementen eines und desselben Erzeugnisses verschieden und ist auch bei gleichen Konstruktionselementen verschiedener Erzeugnisse nicht gleich. Der geforderte Wert hängt ab von den mechanischen Bedingungen des Betriebes und von der Beanspruchung während der Herstellung. Als Steifigkeit kann maßgebend sein eine näher zu bestimmende Biegesteifigkeit, Verdrehsteifigkeit, Beulsteifigkeit, Knicksteifigkeit usw. Eine weitere Eigenschaft der Gestalt ist die Kerbwirkung, die an Querschnittsübergängen auftritt und bei Dauerbewegungen die Gebrauchsdauer wesentlich beeinflussen kann.

B a u s t o f f. Zur körperlichen Verwirklichung eines Konstruktionselementes ist Baustoff erforderlich. Während die Grundform der Gestalt zwangläufig durch die Wirkung bestimmt ist, ergibt sich der Grundtyp des Baustoffes zwangläufig nur bei ganz besonderen Anforderungen in einer bestimmten Baustoffeigenschaft. Beispiele sind Kupfer und Aluminium für Elektrizitätsleiter; Stahl für mechanisch höchstbeanspruchte Teile; Glimmer, Keramik usw. für elektrische Isolationen mit besonderen dielektrischen oder thermischen Eigenschaften; Chromlegierungen für in Säure arbeitende Teile, Blei für Akkumulatorenplatten usw.

Die Bestimmung des richtigen Baustoffes ist zweifellos die schwierigste der konstruktiven Teilaufgaben, da hierauf vierzehn andere Teilaufgaben maßgebenden Einfluß nehmen und die Anzahl der Baustoffe auch innerhalb der engeren Eigenschaftsgruppen (mechanisch, elektrisch-isolierend, elektrisch-leitend, magnetisch-weich oder -hart usw.) noch groß ist.

Die Auswahl der Baustoffe erfolgt nach ihren maßgebenden Eigenschaften. Jeder Stoff besitzt eine umfangreiche Reihe von Eigenschaften, die durch ihre zahlenwertmäßige Höhe seinen Gesamtcharakter mehr oder weniger beeinflussen. Die technisch wichtigen Eigenschaften machen zusammen mindestens ein Drittelhundert aus. Welche Baustoffeigenschaften beispielsweise bei betriebsmäßig rein mechanischer Hauptbeanspruchung wichtig sein können — es aber niemals in der vollen Anzahl sein werden — zeigt Tafel II.

Tafel II. Baustoffe für rein mechanische Hauptbeanspruchung.

Haupt-Eigenschaften	Neben-Eigenschaften		
mechanisch	chemisch	thermisch	technologisch
Streckgrenze	Beständigkeit gegen:	Obere Temperaturgrenze d. maßgeb. mech. Eigenschaft	Gießbedingungen
Quetschgrenze	Leitungswasser	Untere Temperaturgrenze d. maßgeb. mech. Eigenschaft	Spritzgießfähigkeit
Biegegrenze	Leitungswasser heiß	Erstarrungspunkt	Verformbarkeit kalt
Elastizitätsgrenze	Seewasser	Leitvermögen	Verformbarkeit warm
Elastizitätsmodul	Destill. Wasser	Wärmedehnung	Zerspanbarkeit
Dauerstandfestigkeit	Grubenwasser	Koeff. der Dehnung	Automatenfähigkeit
Wechselfestigkeit	Benzin	Spez. Wärme	Oberflächengüte
Kerbzähigkeit	Motoröl	Schwindmaß	Schweißbarkeit
Schlagbiegefestigkeit	Seifenlösung	Wärmeleitzahl	Lötbarkeit
Dehnung	Essigsäure	Wärmeübergangszahl	Galv. Oberflächen
Härte	Normale Luft		Farbschichtenhaftfähigkeit
Verschleißfestigkeit	Luft mit SO_2		
Gleitfähigkeit	Luft mit NH_3		
Wichte	Verzundern		
Maßbeständigkeit	Lokalelementebildung		

Ein bestimmter Baustoff kann nicht durch eine einzige
Zahl, die einer bestimmten Eigenschaft zugeordnet ist, wie
z. B. die Zugfestigkeit oder die Elastizitätsgrenze oder den
Erstarrungspunkt gekennzeichnet werden. Die Grundlage der
rationellen Ausnützung eines Baustoffes kann nur durch die
Kenntnis aller seiner Eigenschaften geboten werden. Leider

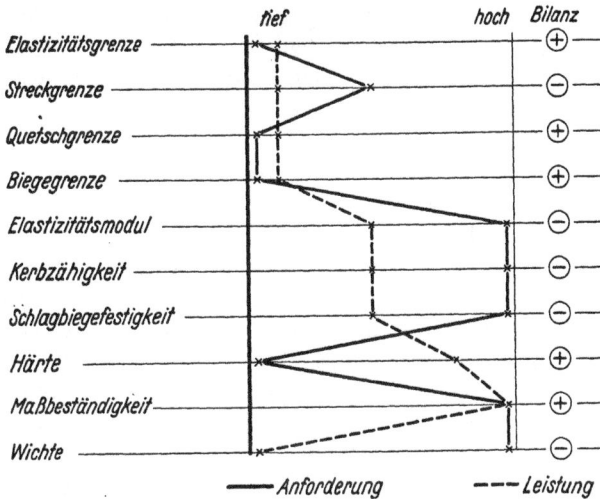

Bild 31. Ausnutzung der verschiedenen Eigenschaften eines Baustoffes
(Idealfall: Gleichlauf zwischen Anforderungs- und Leistungslinie).

ist die technische Wissenschaft noch nicht so weit, alle Eigenschaften in Zahlen erfassen zu können; heute ist erst der
kleinere Teil der Eigenschaften, und zwar sind es jene, die
mit einfachen Mitteln meßbar und die einfach definierbar
sind, derartig bearbeitet. Rein qualitativ liegen dagegen über
fast alle Eigenschaften Erfahrungen vor. Diese müssen beim
konstruktiven Einsatz vorhanden sein.

Wenn die Baustoffeigenschaften höher liegen als die durch
die Betriebsaufgaben geforderten Eigenschaften, dann heißt
dies, daß der Baustoff in dieser Konstruktion unausgenützte
Eigenschaften besitzt (Bild 31). Ein solcher Baustoff darf
daher nur dann eingesetzt werden, wenn die nicht ausgenützten
Eigenschaften gewissermaßen kostenlos mitgeliefert werden.

Der Baustoff wäre verfehlt, wenn gerade diese unausgenützten Eigenschaften mit hohen volkswirtschaftlichen Leistungen bezahlt werden müßten.

Z. B. besitzen für Kaltwasserarmaturen Zinklegierungen im allgemeinen ausreichende Eigenschaften. Messing besitzt diese notwendigen Eigenschaften ebenfalls, doch hat es darüber hinaus noch eine Reihe weiterer Eigenschaften, welche für solche Armaturen gar nicht erforderlich sind. Da aber gerade diese nicht verlangten Eigenschaften auf dem hohen Kupfergehalt des Messings beruhen, wäre es falsch, für diesen Anwendungszweck den Sparstoff Messing einzusetzen.

In der Praxis trifft die Voraussetzung, daß alle Teilaufgaben ganz bestimmte Baustoffeigenschaften verlangen, nicht zu. Eine Tragkonstruktion für ein Gerät mittlerer Größe und Beanspruchung könnte z. B. aus Stahlblech, Gußeisen, Bronzeguß, Rotguß, Messing, Zinklegierung, Aluminiumlegierung, Magnesiumlegierung jeweils als Guß oder Blech, ferner auch aus Kunstharzpreßstoff bestehen. In jedem Falle würde eine andere Gestalt erforderlich sein, aber in jedem Falle könnte der gleiche Steifigkeitsgrad, also die maßgebende Eigenschaft der Gestalt, erreicht werden. Die Festigkeitseigenschaften der Baustoffe sind in vielen Fällen kleiner und mittlerer Beanspruchungen so sehr mit den Formeigenschaften verknüpft, daß sie allein keine eindeutige Baustoffauswahl zulassen. Dies trifft aber nicht mehr zu bei allen höheren Beanspruchungen, welchen mit einem vernünftigen Baustoffaufwand, z. B. nur mehr mit Stahl, entsprochen werden kann.

Einen eindeutigen Einfluß auf die Auswahl der Baustoffe nehmen die Härte, Wichte, Reibungswerte, Korrosionsfestigkeit, die thermischen Eigenschaften und weitgehend auch die technologischen Eigenschaften.

Baustoffbeschaffungslage. Die Anforderungen, welche von der Baustoffbeschaffungslage ausgehen, sind in der Hauptsache in den Anordnungen der Reichsstellen festgelegt[1]. Für zahlreiche Konstruktionselemente bestehen Verbote bestimmter Baustoffe. Einzelne Ausnahmen von den Anord-

---

[1] Vgl. Wögerbauer, Werkstoffsparen in Konstruktion und Fertigung. Berlin: VDI-Verlag 1940. (Eine Zusammenstellung der wichtigsten Anordnungen findet sich dort auf Seite 13/14.)

nungen können von den Reichsstellen auf Antrag erteilt werden, wenn die Wirkung mit Hilfe anderer Baustoffe nachweislich nicht erreicht werden kann.

Neben diesem volkswirtschaftlichen Inhalt des Begriffes Beschaffungslage verlangt der Begriffsinhalt: Beschaffungsmöglichkeit die Berücksichtigung der Lieferfähigkeit der Baustoffhersteller, der Halbzeuglieferer usw. In diesem Sinne besteht eine enge Bindung zu den Lieferterminen für die Erzeugnisse. Bei kurzen Terminen für anerkannt wichtige Erzeugnisse entscheidet für den Baustoffeinsatz nicht selten auch die sofortige Greifbarkeit im Widerspruch zu volkswirtschaftlichen Erfordernissen.

Baustoffnormen. Manche Kunden — meist Behörden — schreiben für bestimmte Konstruktionselemente manchmal bestimmte Baustoffe vor[1]), was bei großen und lebenswichtigen Betrieben aus vielen Gründen gerechtfertigt sein kann.

Im allgemeinen ist die Baustoffwahl jedoch noch nicht an Normen gebunden. Es ist aber zweckmäßig, dort, wo bereits Normen bestehen, sich dieser Stoffe zu bedienen, da sie Gewähr für zu erwartende gleichmäßige Güte bieten[2]).

Zur Erleichterung der Umstellung von früher üblichen Baustoffen auf die nunmehr volks- und wehrwirtschaftlich richtigen Baustoffe geben verschiedene Wirtschaftsgruppen Unterlagen heraus, welche für bestimmte Zwecke erprobte Baustoffe empfehlen oder vorschreiben.

Einzelteilfertigungsverfahren. Der Gestalt, dem Baustoff, der Stückzahl entsprechend sind die Teilherstellverfahren auszuwählen. Hierauf näher einzugehen ist Sache der Konstruktionslehre.

Oberflächenbehandlungsverfahren. Die Betriebsanforderungen verlangen im allgemeinen ganz bestimmte Oberflächeneigenschaften in bezug auf Korrosionsfestigkeit, Härte und Aussehen. Diese Eigenschaften sind meist nur durch Aufbringung zusätzlicher Oberflächenstoffe oder Überzugstoffe zu

---

[1]) Vgl. beispielsweise »Fliegwerkstoffhandbuch«. Berlin: Beuth-Vertrieb.

[2]) Vgl. Werkstoffnormen. Stahl, Eisen, Nichteisenmetalle. DIN-Taschenbuch 4 (9. Aufl.). Berlin: Beuth-Vertrieb 1940.

erreichen und diese sind in ihrer Anwendbarkeit wieder an die
Art der Baustoffe und an die Gestalt gebunden, denn nicht jeder
Überzugstoff läßt sich auf jedem Baustoff aufbringen. So können z. B. Teile aus Kunstharzpreßstoff ohne besondere, nicht
allgemein bekannte und anwendbare Vorbehandlung nicht mit
galvanischen Überzügen versehen werden. Lange enge Rohre
z. B. lassen sich innen wirtschaftlich kaum galvanisch ober-
flächenbehandeln, aber auch farbspritzen mit einfachen Geräten
ist kaum möglich. Die Oberflächenverfahren hängen auch von
den vorhandenen Einrichtungen ab. Zu diesen gehören galva-
nische Bäder, Trockenöfen, Beizbäder, Entfettungsbäder, Farb-
spritzanlagen, Metallspritzanlagen usw.

Zusammenbauverfahren. Die Methoden des Zusammenbaues sind abhängig von der Art der Erzeugnisse, von
der Stückzahl, von den notwendigen zwischengeschalteten
Prüfungen usw.

Fertigungsstückzahl. Die Anforderungen, die von
der Anzahl der herzustellenden Erzeugnisse ausgehen, beziehen sich in erster Linie auf die Verfahren für die Herstellung
der Teile und auf die Verfahren für den Zusammenbau. Bei
Einzelstücken und bei kleineren Reihen sind andere Verfahren
anzuwenden wie in der Großfertigung. Die Berücksichtigung
der Fertigungsstückzahl ist durch die für Herstellung und
Zusammenbau aufzuwendenden Arbeitszeiten hauptsächlich
volkswirtschaftlich bedingt.

Vorrichtungen und Werkzeuge. Von der Art der
Herstellverfahren hängen die Modelle, Werkzeuge und Vorrichtungen ab. Diese beeinflussen wieder Termine und Kosten.

Maschinenpark und -besetzung. Anforderungen an
die Konstruktion gehen auch aus von der Art der in dem
Herstellwerk vorhandenen Werkzeugmaschinen, sowie von
deren augenblicklichen Besetzung. Entscheidend ist oftmals
auch die Möglichkeit der Beschaffung von Maschinen und
Einrichtungen innerhalb der geforderten Zeiträume.

Verwendung unechter Normteile. Ebenso wie das
Bestreben herrscht, möglichst weitgehend vorhandene Erzeugnisse zu verwenden, notfalls sie anzupassen oder umzu-
bauen, herrscht das Bestreben, Einzelteile, welche zeichnerisch
schon festgelegt sind, immer wieder zu verwenden. Es wird

damit Konstruktions- und Zeichenarbeit sowie Arbeit zur Aufstellung von Arbeitsplänen gespart. Außerdem läßt die dadurch erzielte Erhöhung der Stückzahlen oft günstigere Herstellverfahren zur Anwendung bringen.

Normteile. Während die Wiederverwendung eines in den Konstruktions- und Fertigungsunterlagen vorhandenen Teiles aus Rationalisierungsgründen wünschenswert ist, besteht für die Verwendung von Normteilen ein Zwang, sobald ein Konstruktionselement in Wirkungsaufgabe, Gestalt und Baustoff sich einem Normteil annähert[1]).

Termin. Von der vom Auftragszeitpunkt bis zum geforderten Lieferzeitpunkt zur Verfügung stehenden Zeit hängt es ab, wie weit die Entwicklung getrieben werden kann, welche Einrichtungen, Vorrichtungen und Werkzeuge neu geschaffen werden können. Damit wird auf Wirkungsweise, Gestalt und Baustoff oft entscheidend Einfluß genommen.

Kosten. Die Kosten sind sowohl eine privatwirtschaftliche als auch eine volkswirtschaftliche Angelegenheit, da sie letzten Endes nur einen anderen Maßstab für den Verbrauch an Arbeitskräften darstellen (wobei die Baustoffkosten vorwiegend als an anderen Stellen entstandene Arbeitskosten betrachtet werden). Die Anforderung in diesem Punkt heißt daher: den Mindestwert anstreben.

---

[1]) Vgl. DIN-Normblattverzeichnis. Beuth-Vertrieb Berlin. (Erscheint jedes Jahr.) Vgl. ferner L. Goller, Normung in der Industrie. RKW-Nachrichten 13 (1939), H. 6. (Auch als Sonderdruck im Beuth-Verlag.)

V. Die systematische Verknüpfung der konstruktiven Teilaufgaben

Die konstruktiven Teilaufgaben, also die Betriebsaufgaben und die Verwirklichungsaufgaben sind dem erfahrenen Konstruktionsingenieur durchaus bekannt. Trotzdem könnte mancher in Verlegenheit gebracht werden, würde er aufgefordert, diese Aufgaben aufzuzählen. Er beobachtet sie unbewußt bei seiner Arbeit. Sollte einmal die eine oder andere Teilaufgabe übersehen worden sein, so wird in ruhigen Zeiten bei eingespielter Zusammenarbeit schon der Gruppenführer oder aber der Abteilungsleiter oder eine Dienststelle außerhalb des Konstruktionsbüros den Fehler finden, ehe die Fertigung einsetzt. In Zeiten hoher Arbeitsüberlastung und bei vielen neueingestellten Mitarbeitern besteht selbst bei der besten Organisation die große Gefahr, daß solche Fehler erst zu spät entdeckt werden. In solchen Zeiten ist eine gründliche theoretisch-konstruktive Unterweisung der jüngeren Mitarbeiter die einzige mögliche Maßnahme zur Unschädlichmachung solcher Fehler. Fehler sind nie restlos vermeidbar; es muß sie aber jeder selbst entdecken, ehe er seine Konstruktion aus der Hand gibt.

Die Prüfung verschiedener Gebiete der mechanischen Industrie auf ihren Inhalt an konstruktiven Teilaufgaben zeigte deren ständige Wiederholung in fast allen Fachrichtungen. Aber nicht nur diese Teilaufgaben wiederholen sich als Elemente des konstruktiven Denkens immer wieder. Viel wesentlicher ist, daß auch die Art der Verknüpfung dieser Denkelemente nicht dem Zufall unterworfen, sondern gesetzmäßig ist. Dies scheint eine zu erwartende Feststellung. Da der größere Teil der Menschen aber grundsätzlichem Denken ausweicht, bleibt den meisten und selbst auch den älteren Konstruktionsingenieuren diese ständige Wiederholung ihrer eigenen Überlegungen verborgen.

Die Beobachtung zahlreicher Konstruktionsingenieure — sowie deren Befragung unter anderem auch mit Hilfe von eindeutig formulierten Fragebogen — hat nicht nur das schon längst vermutete System der Verknüpfungen der konstruktiven Gedanken bestätigt, sondern darüber hinaus eine überraschende Gleichartigkeit in der Behandlung konstruktiver Aufgaben zu erkennen gegeben. Alle erfolgreich arbeitenden Konstruktionsingenieure durchlaufen das System der Teilaufgaben in einem stets gleichbleibenden Sinne, so daß geradezu von einer Methode des konstruktiven Denkens gesprochen werden könnte, wenn dieses Durchlaufen nicht unbewußt erfolgte. Der Besitz dieser Übung, Gedankenbahnen, deren Zielpunkt aber immer neue Vorstellungen sind, leicht zu finden, bildet die Überlegenheit des geübten Konstruktionsingenieurs über den ungeübten.

Eingefahrene Gedankenbahnen können auch zu geistiger Erstarrung und Unfruchtbarkeit führen. Es ist daher notwendig festzustellen, daß nur Bahnen, deren Netz nicht übersehen wird, die Möglichkeit des Festfahrens in einer Ecke entstehen lassen. Ein klar überblickbares Bahnsystem vermeidet gerade diese Gefahr mit Sicherheit.

Die Abhängigkeitsverhältnisse der konstruktiven Teilaufgaben sind niemals einfache Zusammenhänge. Beim Konstruieren tritt stets eine wechselnde größere Zahl von Aufgaben gleichzeitig auf, deren Veränderlichen [x, y, z, u, v, ...] untereinander einfach oder mehrfach abhängig sind. Die verschiedene Art der Abhängigkeiten könnte in einem Strukturschema der Aufgabe (Bild 32) abgebildet werden. Die Veränderlichen x, z, u dieses Beispieles sind zweifach gebunden, y ist dreifach und v ist einfach verknüpft. Auch die allereinfachste konstruktive Aufgabe stellt ein solches sehr kompliziertes System zahlreicher, teilweise nur stillschweigend vorausgesetzter Teilaufgaben dar. Die Lösung muß alle diese Teilaufgaben gleichzeitig optimal erfüllen; sie kann also nicht etwa aus einer zwangläufigen Gleichungslösung gewonnen werden, sondern ist als Variationsproblem zu betrachten.

Diese Überlegungen lassen erkennen, wie außerordentlich
schwierig schon eine rein formale »exakte« mathematische
Behandlung konstruktiver Probleme wäre. Praktisch kommt
aber dazu, daß es überhaupt unmöglich ist, auch nur einige
der funktionellen Abhängigkeiten zahlenmäßig darzustellen,
da die meisten konstruktiven Funktionen nicht stetig sind,

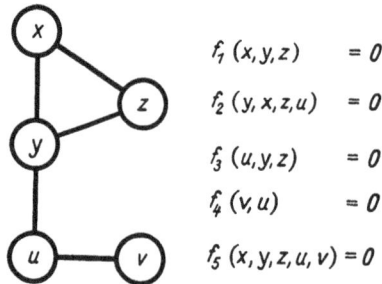

$$f_1\,(x,y,z) \qquad = 0$$
$$f_2\,(y,x,z,u) \qquad = 0$$
$$f_3\,(u,y,z) \qquad = 0$$
$$f_4\,(v,u) \qquad = 0$$
$$f_5\,(x,y,z,u,v) = 0$$

Bild 32. Strukturbild des Zusammenhangs der konstruktiven
Teilaufgaben f_1, f_2, ...

sondern sich mit den Eigenschaften z. B. der Baustoffe oder
Herstellverfahren sprungweise ändern.

Eine mathematische Lösung konstruktiver Probleme wird
— so wertvoll sie für den Konstruktionsunterricht wegen ihrer
Unabhängigkeit von persönlichen Erfahrungen sein könnte —
nicht nur wegen zu großen Aufwandes unzweckmäßig (wie
Redtenbacher am Anfang der Technik meinte), sondern aus
den genannten natürlichen Gründen überhaupt nie möglich sein.

Wenn schon eine mathematische Lösung konstruktiver
Probleme nicht in Frage kommen kann, so ist doch das mathe-
matisch geschulte Denken eine wichtige Voraussetzung für
die »exakte = alle Teilaufgaben berücksichtigende« Lösung
konstruktiver Aufgaben: Ein ausgeprägtes Gefühl für die
funktionellen Abhängigkeiten der Teilaufgaben ist nur die
Mathematik zu entwickeln imstande.

Mit dem Begriff »System der konstruktiven Teilaufgaben«
soll zum Ausdruck gebracht werden, daß die Teilaufgaben
nicht unabhängig voneinander, als freie Elemente ungeordnet

nebeneinander bestehen und beliebig für sich allein gelöst werden können, sondern daß sie in bestimmter Weise zusammenhängen, miteinander verknüpft sind, also eben ein System
bilden. Die Ausrichtung der Elemente auf das bestimmte,
gemeinsame Ziel der Verwirklichung bildet die verbindenden Gedanken zwischen den einzelnen Vorstellungen des
Systems. Einzelne dieser Verknüpfungen sind bei der Aufstellung der Teilaufgaben und bei ihrer Ordnung in Betriebsaufgaben und Verwirklichungsaufgaben bereits angedeutet
worden. Es ist nunmehr notwendig, einen Schritt weiter-
zugehen und diese Verknüpfungen in den Vordergrund der
Betrachtung zu stellen.

Den abhängigen Teilaufgaben Wirkungsweise, Baustoff,
Gestalt und Herstellverfahren kommt im Gesamtplan der
Aufgaben die Bedeutung von Mittelpunkten gewisser Auf-
gabengruppen zu. Es ist daher zweckmäßig, zunächst die jeweiligen Einflußgrößen dieser Gruppenmittelpunkte festzustellen, d. h. es sind jene Teilaufgaben zu bestimmen, welche
auf die Lösungen dieser Gruppenmittelpunkte Einfluß nehmen.

Wird zunächst die Wirkungsweise betrachtet (Bild 33),
so ist diese selbstverständlich in erster Linie abhängig von der
verlangten Wirkung. Es muß aber immer bedacht werden, daß
eine bestimmte Wirkung sehr häufig auf verschiedene Weise erzielt werden kann, wobei sich auch für andere Teilaufgaben
stets andere Lösungen finden lassen. Auf die Wirkungsweise
— bei festliegender Wirkung, also Eindeutigkeit der Aufgabenstellung nach Bild 30 — nehmen Einfluß: Die Verwendung vorhandener Erzeugnisse, die Baustoffeigenschaften,
die Gebrauchsdauer, die Forderung nach geringem Energie-
und Betriebsstoffverbrauch, die Forderung nach Lärmfreiheit,
Vorschriften, die Herstellkosten des Erzeugnisses, die Betriebssicherheit, die Betriebskosten, die Schutzrechte der Wirkungsweise, die mechanischen Ortsbedingungen und die Gestalt[1]).

Wird als nächster Gruppenmittelpunkt der Baustoff
betrachtet (Bild 34), so zeigt sich, daß auf dessen Eigenschaften

---

[1]) Diese Reihenfolge der Teilaufgaben entspricht nicht ihrer
Bedeutung, sondern ist auf die später dargestellte Gesamtver-
knüpfung abgestimmt. (Die Gruppenmittelpunkte sind in Bild
33—37 stark umrandet).

die Wirkungsweise, die Verwendung vorhandener Erzeugnisse,
die Gestalt, die Bedingungen für Größe und Gewicht, die mit
Rücksicht auf Passungen, Tragfähigkeit oder Aussehen geforderte Feinheit der Oberfläche, die klimatischen Ortsbedingungen, die Stoffbeschaffungslage sowie die Möglichkeit der
Aufbringung von Oberflächenstoffen, die Herstelltechnik, die
Möglichkeit der Abfallverwertung, der Termin, die Baustoff-

Bild 33. Teilaufgaben, welche auf die Bestimmung der Wirkungsweise
Einfluß nehmen.

normen und nicht zuletzt die Herstellkosten Einfluß nehmen.
Hierzu kommen noch die Lärmfreiheit, der Energieverbrauch
und die Gebrauchsdauer.

Als weiterer Gruppenmittelpunkt der konstruktiven Teilaufgaben ist die Gestalt anzusehen (Bild 35). Darauf nehmen
Einfluß die Wirkungsweise, echte und unechte Normteile,
die Handhabung, die Instandsetzung, Wartung, Rücksicht auf

Leitungsführung, die Zusammenbauverfahren, die Einzelteilfertigungsverfahren, die Oberflächenverfahren, das Aussehen,
die verlangte Oberflächengüte und Versandfähigkeit, die Größe
und das Gewicht, der Baustoff und die Verwendung vorhandener Erzeugnisse und Teile.

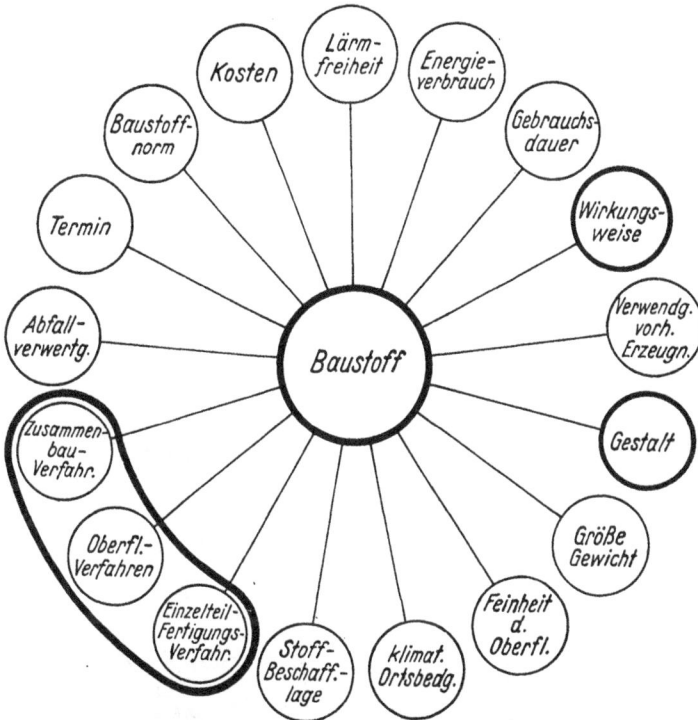

Bild 34. Die konstruktiven Einflußgrößen, welche die Auswahl des
bestgeeigneten Baustoffes bestimmen.

Der vierte Gruppenmittelpunkt ist das Herstellverfahren. Der Begriff Herstellverfahren umfaßt im weiteren
Sinne alle Maßnahmen der Werkstatt, welche erforderlich
sind, um die Konstruktion materiell zu verwirklichen. Dazu
gehören die Herstellverfahren der Einzelteile, die Verfahren
der Oberflächenbehandlung und die Verfahren des Zusammenbaues der Einzelteile zu einem ganzen Erzeugnis. Diese drei

Unterbegriffe sind gegenseitig voneinander abhängig (Bild 36).
Es läßt sich nicht auf einem in einem beliebigen Verfahren
hergestellten Teil jede beliebige Oberfläche aufbringen, sodann
läßt auch nicht jedes Herstellverfahren jedes Zusammenbauverfahren zu, wie etwa Gußeisenteile kaum geschweißt werden

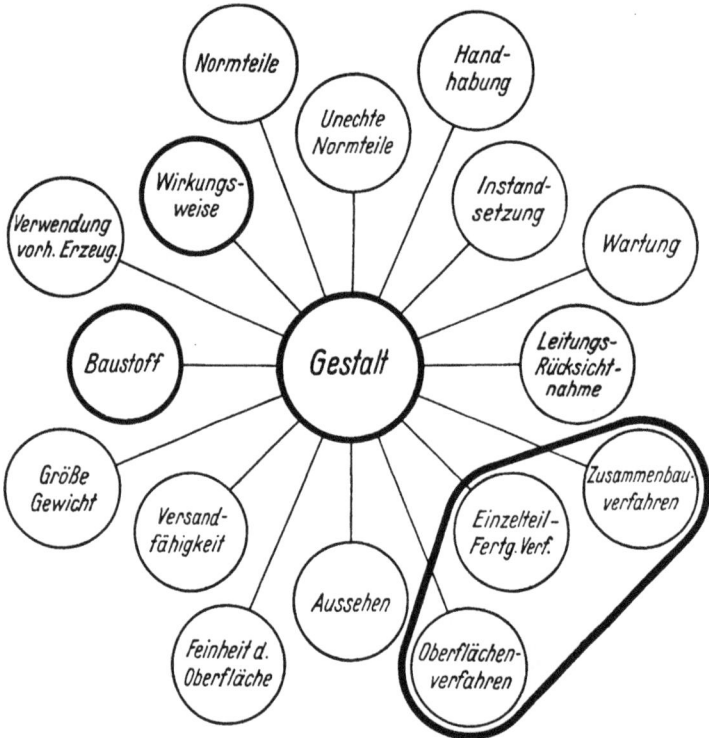

Bild 35. Einflußgrößen, welche bei der Ermittlung der Gestalt der Konstruktionselemente von Bedeutung sind.

können, sodann dürfen auch nicht Teile mit beliebigen Oberflächenstoffen willkürlich im Zusammenbau zur Berührung
gebracht werden, wie z. B. Messingteile und Teile aus Zinklegierungen oder Magnesiumlegierungen.

Für die Einflußgrößen des aufzustellenden konstruktiven
Systems bilden die verschiedenen Verfahrensgruppen einen
einzigen Gruppenmittelpunkt, Herstellverfahren (Bild 37).

Dieser wird beeinflußt durch den Baustoff und Überzugstoff, dessen Zustand (durchgehärtet, oberflächengehärtet usw.), dessen Beschaffungslage, die klimatischen Ortsbedingungen, die Oberflächengüte, das Aussehen, die Gestalt, die Rücksichtnahme auf Verbindungsleitungen, die Instandsetzung, die Kosten, die Stückzahl, den Arbeitsaufwand und den erforderlichen Einsatz von Facharbeitern, die Schutzrechte, die Passungen,

Bild 36. Zusammenhang des Oberbegriffes »Herstellverfahren« mit den Begriffen Teilfertigungs-, Oberflächen- und Zusammenbauverfahren.

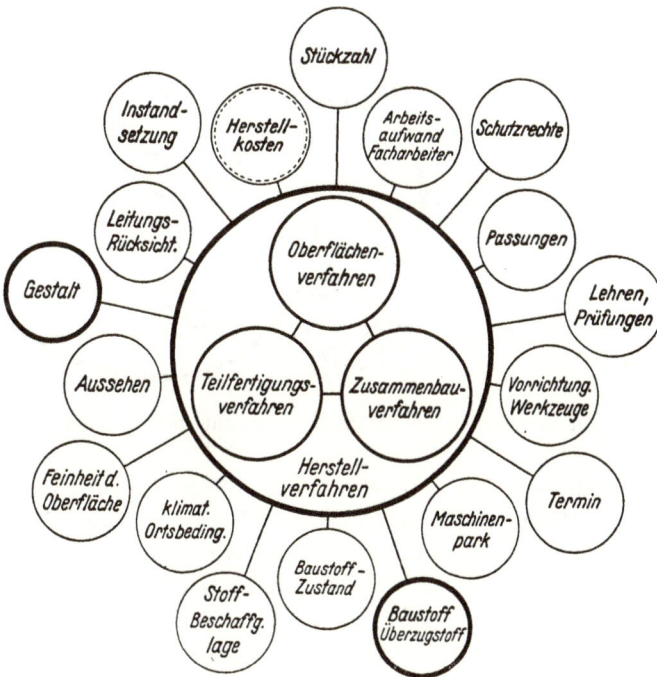

Bild 37. Die Gesichtspunkte, welche bei der Bestimmung der wirtschaftlichsten Herstellung zu beachten sind.

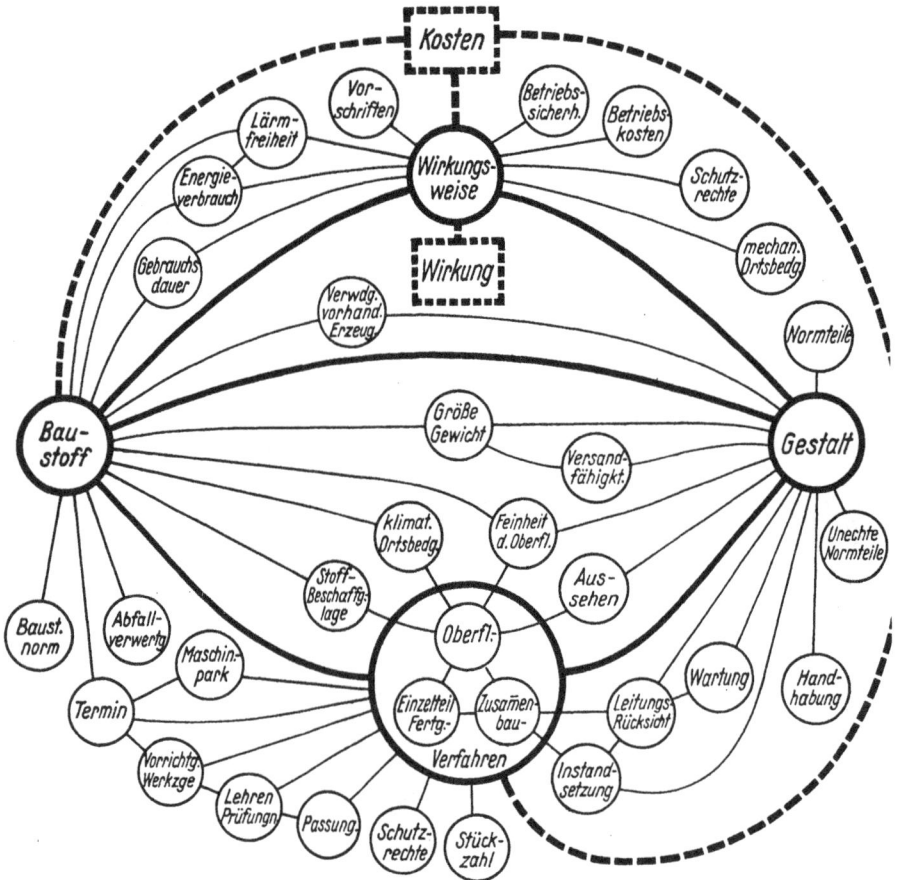

Bild 38. Die Verknüpfung der konstruktiven Teilaufgaben zu einem System.
Sogenannter »Aufgabenplan«.

die vorhandenen und zu beschaffenden Lehren, die zu schaffenden Einrichtungen, Vorrichtungen und Werkzeuge, die Termine, die vorhandenen und zu beschaffenden Werkzeugmaschinen.

In den entwickelten fünf Teilbildern (Bild 33 bis 37) der inneren Verknüpfung der konstruktiven Teilaufgaben, die hier als Einflußgrößen von Gruppenmittelpunkten erscheinen, wiederholen sich einzelne Teilaufgaben immer wieder. Der letzte Schritt zur Erreichung eines Systems muß daher in

Analogie mit gewissen Regeln der Mathematik darin bestehen, die fünf Bilder so zu verschmelzen, daß jede Teilaufgabe nur mehr einmal in einem Gesamtschema vorkommt.

Die in dem Strukturbild (Bild 38) dargestellten Vorstellungsverbindungen bilden die wichtigsten Beziehungen zwischen den einzelnen Teilaufgaben ab. Dabei wurde hier mit Rücksicht auf eine leicht merkbare Darstellung, welche ja mit ein Ziel der Systematik ist, auf die Wiedergabe solcher Verknüpfungen, welche andere Verbindungen schneiden müßten, verzichtet. Dies war z. B. der Fall bei den Verbindungen (Wirkungsweise-Größe/Gewicht), (Betriebssicherheit-Wartung), (Betriebskosten-Wartung), (Betriebskosten-Instandsetzung), (Gebrauchsdauer-Wartung), (Instandsetzung-Vorrichtungen), (Instandsetzung-Werkzeugmaschinen) oder (Instandsetzung-Lehren), (Handhabung-Gebrauchsdauer), (Kosten-Versandfähigkeit) usw.

In Sonderfällen können mit weiteren Teilaufgaben noch weitere Verknüpfungen auftreten. Der zielbewußt arbeitende Konstruktionsingenieur wird sich stets ein eigenes Schema schaffen, in welches er auch diese Verbindungen noch eintragen und dafür andere, in seinen Arbeiten nicht auftretende, weglassen wird. Er wird dadurch die Sicherheit gewinnen, keinen konstruktiven Gesichtspunkt übersehen zu haben. Auf diese Weise wird letzten Endes jeder Konstruktionsingenieur für sein besonderes Fachgebiet ein besonderes Schema entwickeln, in dem er das vorgegebene allgemeine Schema nach den aufgezeigten Gedankengängen seinen Bedingungen anpaßt.

Das Ergebnis des Bildes 38 ist wegen der vielfachen Verknüpfungen kein sehr einfaches Schema. Es handelt sich dabei eben um die Abbildung eines biologischen Prozesses. Ein solcher läßt sich weder in einfache Formeln zwängen, noch auch in einfache Schemata bringen.

Es ist möglich, ein einprägsameres, z. B. symmetrisches Bild zu entwickeln. Dies bedeutet jedoch, zugunsten der Systematik und der Erlernbarkeit auf Vollständigkeit verzichten. Wie weit der Lehrer im Unterricht das vollständige Strukturschema vereinfachen muß, um es seinen Zwecken dienstbar zu machen, wird nach der Art der Schule und der Höhe der Vorbildung der Studierenden verschieden sein. Es ist der späteren Praxis aber schon sehr viel geholfen, wenn die Anfänger im Konstruieren von der Schule einen festen Plan mit etwa 14 Teilaufgaben mitbringen (Bild 39), der ihnen aber so geläufig sein sollte wie die Grundrechnungsarten. Ein solches Grundsystem läßt sich mit Leichtigkeit erweitern.

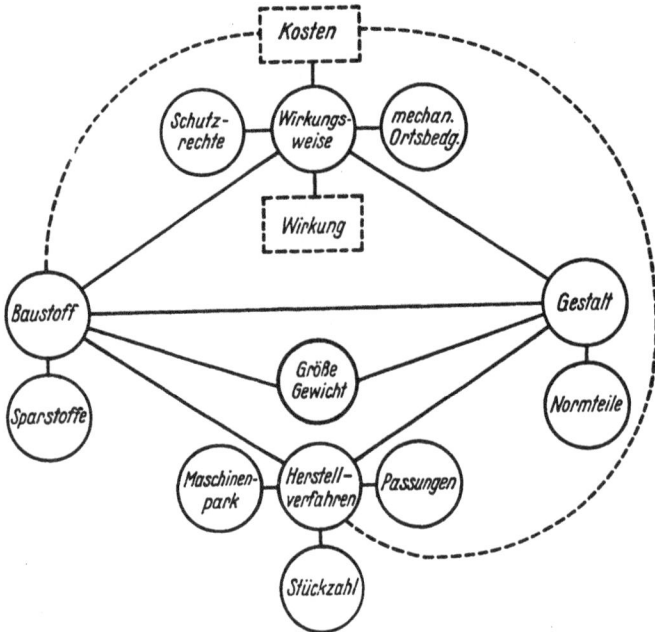

Bild 39. Vereinfachter Aufgabenplan für den Anfangsunterricht im Konstruieren.

Der allgemeine Aufgabenplan (Bild 38) bildet — gleichgültig ob er als logisches System eindeutiger Vorstellungen im Bewußtsein besteht oder unbewußt als konstruktives Gefühl verankert ist — die Grundlage für die Lösung konstruktiver Aufgaben.

Bei der Erarbeitung der Lösungen zeigt sich fast niemals nur eine einzige Richtung gangbar, sondern es bieten sich meist mehrere, oft zahlreiche Wege dar. Um die vorteilhafteste Lösung zu finden, müssen mindestens die Anfänge dieser Wege systematisch verfolgt werden. Es ist daher für den Unterricht und auch für den noch Ungeübten in der Praxis zur Gewinnung eines vollständigen Bildes, welche das Übersehen wichtiger Möglichkeiten vermeiden läßt, zweckmäßig, Aufgaben- und Lösungspläne nicht nur im Gedanken zu verfolgen, sondern auch aufzunotieren. Um dies mit möglichst geringem Arbeitsaufwand und trotzdem eindeutig durchzuführen, ist es vorteilhaft, den konstruktiven Teilaufgaben, denen stets gewisse Teillösungen entsprechen, bestimmte, festgelegte Abkürzungen zuzuordnen. Wenn diese Abkürzungen ähnlich wie in der Chemie so gewählt werden, daß sie aus den Anfangsbuchstaben der Benennungen der Teilaufgaben gebildet sind, ergibt sich die Erlernung der Kurzzeichen während der Beschäftigung mit konstruktiven Problemen ganz von selbst.

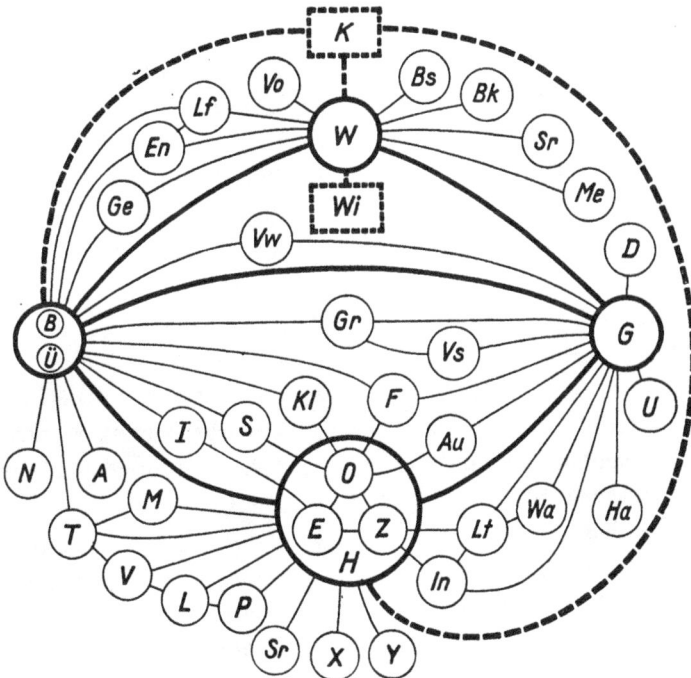

Bild 40. Aufgabenplan mit den üblichen Kurzzeichen für die verschiedenen Teilaufgaben.

Tafel III.

Teilaufgaben

(nach Wichtigkeit geordnet)

Betriebsaufgaben	Verwirklichungsaufgaben
(Anforderungen des Kundenbetriebes)	(Anforderungen von Naturgesetzen, Baustoff und Werkstoff ausgehend)

	Betriebsaufgaben		Verwirklichungsaufgaben
(Wi)	Wirkung	(W)	Wirkungsweise
(Me)	Mechanische Ortsbedingungen	(X)	Fertigungsstückzahl
(Kl)	Klimatische Ortsbedingungen	(G)	Gestalt
(Gr)	Größe und Gewicht	(B)	Baustoff
(Bs)	Betriebssicherheit	(J)	Baustoffzustand
(Ge)	Gebrauchsdauer	(Ü)	Überzugsstoff
(En)	Energieverbrauch	(S)	Stoffbeschaffungslage
(Ha)	Handhabung	(H)	Herstellverfahren
(Wa)	Wartung	(E)	Einzelteilherstellverfahren
(In)	Instandsetzung	(O)	Oberflächenverfahren
(Lf)	Lärmfreiheit	(Z)	Zusammenbauverfahren
(Lt)	Leitungsberücksichtigung	(Y)	Arbeitsaufwand, Facharbeiter
(Vs)	Versandfähigkeit	(M)	Maschinenpark
(Vo)	Vorschriften ·für den Betrieb	(P)	Passungen
(Vw)	Verwendung vorhandener Erzeugnisse	(F)	Feinheit der Oberfläche
(Au)	Aussehen	(V)	Vorrichtungen u. Werkzeuge
(Sr)	Schutzrechte	(L)	Lehren, Prüfmöglichkeiten
(Bk)	Betriebskosten.	(T)	Termin
		(K)	Kosten der Herstellung.
		(D)	DIN-Normteile, Werksnormteile
		(U)	Unechte Normteile
		(N)	Baustoffnormen
		(A)	Abfallverwertung

Tafel IV.

Teilaufgaben

(alphabetisch geordnet)

Betriebsaufgaben	Verwirklichungs-aufgaben
(Anforderungen des Kundenbetriebes)	(Anforderungen von Naturgesetzen, Baustoff und Werkstoff ausgehend)

Betriebsaufgaben:

(Au) Aussehen
(Bk) Betriebskosten
(Bs) Betriebssicherheit
(En) Energieverbrauch
(Ge) Gebrauchsdauer
(Gr) Größe und Gewicht
(Ha) Handhabung
(In) Instandsetzung
(Kl) Klimatische Ortsbedingungen
(Lf) Lärmfreiheit
(Lt) Leitungsberücksichtigung
(Me) Mechanische Ortsbedingungen
(Sr) Schutzrechte
(Vs) Versandfähigkeit
(Vo) Vorschriften für den Betrieb
(Vw) Verwendung vorhandener Erzeugnisse
(Wa) Wartung
(Wi) Wirkung.

Verwirklichungsaufgaben:

(A) Abfallverwertung
(B) Baustoff
(D) DIN-Normteile, Werksnormteile
(E) Einzelteilherstellverfahren
(F) Feinheit der Oberfläche
(G) Gestalt
(H) Herstellverfahren
(I) Innerer Baustoffzustand
(K) Kosten der Herstellung
(L) Lehren, Prüfmöglichkeiten
(M) Maschinenpark
(N) Baustoffnormen
(O) Oberflächenverfahren
(P) Passungen
(S) Stoffbeschaffungslage
(T) Termin
(U) Unechte Normteile [Mehrfach verwendete Teile]
(Ü) Überzugsstoff
(V) Vorrichtungen, Werkzeuge
(W) Wirkungsweise
(X) Fertigungsstückzahl
(Y) Arbeitsaufwand, Facharbeiter
(Z) Zusammenbauverfahren.

Geeignete Abkürzungen sind in Tafel III zusammengestellt. Die Gruppierung stellt eine Reihenfolge der Bedeutung der Aufgaben dar. Tafel IV ordnet dagegen nach dem
Alphabet.

Die Abkürzungen sind so gewählt, daß die Kurzzeichen für
die Betriebsaufgaben aus zwei Buchstaben bestehen, während
für die Verwirklichungsaufgaben nur ein Zeichen gesetzt ist.
Damit wird schon äußerlich die Zugehörigkeit zu einer dieser
beiden Hauptaufgabengruppen erkennbar gemacht. Auf diese
Unterscheidung ist von allem Anfang an besonderer Wert
zu legen, weil für die Namhaftmachung der Betriebsaufgaben
der Vertriebsingenieur bzw. jener Ingenieur, welcher die
Kundenforderungen genau kennt und sie an das Herstellwerk weitergibt, verantwortlich ist, während für die Verwirklichungsaufgaben, welche — mit den drei Ausnahmen
X, S, D — sich als abhängige Folgeaufgaben ergeben, der Konstruktionsingenieur selbst einstehen muß.

Wird der Aufgabenplan mit Hilfe der Kurzzeichen dargestellt (Bild 40), so ergibt sich ein Schema, welches sich dem
mit einem starken optischen Gedächtnis begabten Techniker
leicht einprägt. Werden in dieses Schema auch noch jene Vorstellungsverbindungen eingetragen, welche in dem Aufgabenplan (Bild 38) aus Anschaulichkeitsgründen unterdrückt worden waren, weil sie andere wichtigere Verbindungen in der
Darstellung hätten schneiden müssen, so ergibt sich der vollständige Strukturplan (Bild 41). Dieser Plan liefert den eindeutigen Beweis für die Höhe der geistigen Leistung beim
selbständigen Konstruieren. Das Schema des Strukturplanes
ist, wie sich aus seiner Entwicklung ergibt, nicht etwa ein
willkürliches. Tatsächlich führt jeder Versuch, die Gedankenverbindungen in anderer Weise darzustellen — etwa die nahe-
liegende Idee, die einzelnen Teilaufgaben auf dem Umfang
eines Kreises abzubilden und die geistigen Beziehungen durch
Sehnen oder Kreisbögen auszudrücken —, zu einem Mißerfolg.

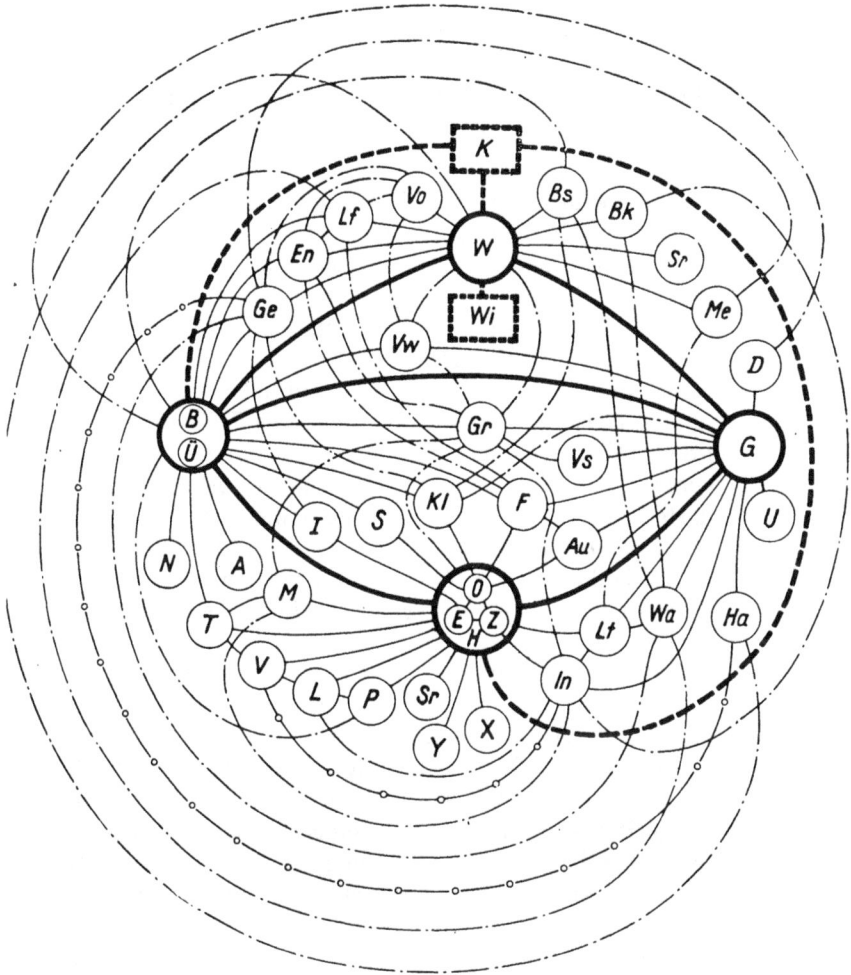

Bild 41. Vollständiger Aufgabenplan.
Die Verknüpfung sämtlicher konstruktiver Vorstellungen untereinander.

VI. Die methodische Lösung konstruktiver Aufgaben

Im allgemeinen läßt jede abhängige Teilaufgabe mehrere wirkungsmäßig und herstellmäßig verschiedene Lösungen zu. Aus der Mannigfaltigkeit der Lösungsmöglichkeiten jeder Teilaufgabe müssen jene ausgewählt werden, welche zusammen die optimale Gesamtlösung für das Konstruktionselement und damit für das gesamte Erzeugnis ergeben. Theoretisch müßte sich also nach dieser Regel das Auffinden der besten Lösung — bei bereits vorhandenen mehreren Teillösungen — so vollziehen, daß jede Teillösung (B_1), (B_2), usw.) in bezug auf die Erfüllungsgüte der anderen Teilaufgaben bewertet und die günstigste Lösung zur Ausführung angenommen wird.

Mit dem einfachen Hilfsmittel strenger Ordnung der zahlreichen Gedanken in einem Schema kann somit die beste Lösung aus einer Reihe von gegebenen Möglichkeiten herausgefunden werden.[1]

Die Auffindung dieser verschiedenen Lösungsmöglichkeiten selbst läßt sich dagegen nicht nach einfachen Regeln bewerkstelligen. Daher ist methodisches Vorgehen gerade bei dem Aufsuchen der Teillösungen eine unbedingte Notwendigkeit, um bei der Vielzahl der Möglichkeiten und der verschiedenen Abhängigkeiten nicht die besten Lösungen zu übersehen.

Ein Beispiel soll den Vorgang des Aufsuchens der besten konstruktiven Lösung, wie er in der Praxis des Konstruierens — ohne bewußte Technik im Konstruieren — abläuft, zeigen.

Als gegebene Wirkungsweise (W) (als Lösung für Wi) des konstruktiv zu bestimmenden Konstruktionselements ist ein einfacher rechtwinkliger Winkelhebel für ein elektrotechnisches

---

[1] Vgl. eine solche Übersicht über die Konstruktionsmöglichlichkeiten in dem Aufsatz: J. Smirra, Kolbentriebwerkseinheiten von 4000 PS. Luftwissen 9 (1942) H. 7. S. 235.

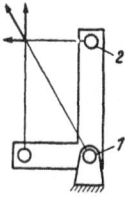

Bild 42. Beispiel.
Grundform eines
Winkelhebels.

Gerät angenommen (Bild 42). Es tritt infolge Betätigung durch einen Elektromagnet stoßweise Beanspruchung auf. Die Zusammenbaubedingungen sind folgendermaßen gegeben: Die Lagerung des Hebels hat auf einer Achse *1* zu erfolgen, die Schaltstangen werden an die Augenbolzen *2* angelenkt.

Der Aufgabenplan der Betriebsaufgaben hat den nachstehenden Inhalt:

(X) 10000 für einen Fertigungsauftrag.

(Me) Ruhige Ortsbedingungen, von außen sind weder Stöße noch Erschütterungen zu erwarten.

(Kl) Innenraumverhältnisse in gemäßigten Breiten: trockene, staubfreie Luft, aber ständige Übertemperaturen, bis zu 40° C durch Wärmeaufnahme von benachbarten stromführenden Konstruktionselementen.

(Gr) Verwendung in einem ortsfesten Gerät, daher keine durch Verwendung bedingten Einschränkungen in bezug auf Größe und Gewicht erforderlich.

(Bs) Betriebssicherheit muß hoch sein, da die Ausübung der Wirkung des Gesamterzeugnisses einwandfreie Wirkung des Hebels voraussetzt. (Vgl. (Ge)).

(Ge) Gebrauchsdauer: 5 Jahre bei täglich durchschnittlich 12 Betätigungen, also rd. 20000 Arbeitsspiele.

(En) Energieverbrauch nur in den Lagerstellen; wegen ausreichender Einstellkräfte sind die Reibungsverluste hier vernachlässigbar.

(Ha) Hebel ist Bestandteil eines selbsttätig arbeitenden Mechanismus, daher erfolgt betriebsmäßig keine Handhabung.

(Wa) Schmierung der Lagerstellen muß möglich sein.

(In) Instandsetzung des Gerätes erfolgt durch Herstellwerk, daher ist die Ausbaufähigkeit und Selbstanfertigung von Ersatzteilen mit einfachen Mitteln nicht gefordert.

(Lf) Gerät wird in Betriebsräumen verwendet, daher ist auf Schaltgeräusche keine Rücksicht zu nehmen.

(Lt) Den Wirkungsraum des Hebels werden nach dem Zusammenbau mit dem Gesamtmechanismus keine nachträglich verlegten — nicht in Zeichnungen festgelegten — Leitungen (Gestänge, elektrische Schaltdrähte) kreuzen.

(Vs) Kleines Teil, Versandfähigkeit wäre gegeben, wegen (In) aber nicht gefordert.

(Vo) Für elektrotechnische Geräte bestehen allgemein die VDE-Vorschriften. Der Hebel wird an einer rein mechanisch wirkenden Stelle angewendet, an welcher die Vorschriften volle konstruktive Freiheit gewähren.

(Vw) Gerät ist Neukonstruktion; ähnliche Hebel sind vorher nicht gefertigt worden.

(Au) Konstruktionselement im Innern eines Gerätes, Aussehen belanglos.

(Sr) Bekanntes Konstruktionselement, keine Schutzrechte.

(Bk) Betriebskosten möglichst gering, nur mittelbare Betriebskosten. (Vgl. (Ge) (Wa) (In)).

Aus der Wirkungsweise im Gesamtgetriebe des Gerätes ergab sich die grundsätzliche Gestalt des Hebels (Bild 42). Um zur technischen Form zu gelangen, wird für diese Grundform erster Annäherung ein geeigneter Baustoff und ein geeignetes Herstellverfahren aufgesucht (Bild 43).

Mit Rücksicht auf die bei den kleinen absoluten Abmessungen des Hebels eng benachbarten Lagerstellen wäre es naheliegend, die drei die Lagerbohrungen enthaltenden rohrförmigen Körper mit dem Hebelkörper ein einziges Stück bilden zu lassen. Dies führt zu der grundsätzlichen Bauform (G₁) (Bild 43).

Da die Achsen aus gezogenem Stahl hergestellt sein sollen, müssen die Lagerbohrungen des Hebels aus einem Baustoff mit entsprechenden Gleiteigenschaften (hier eine maßgebende Baustoffeigenschaft) bestehen.

In Betracht kommen hierfür Zinnbronze, Rotguß, Messing, Zinklegierung, Aluminiumlegierung, Magnesiumlegierung und Kunstharzpreßstoff. Die zwei erstgenannten Baustoffe bieten Lagereigenschaften, welche erfahrungsgemäß weit höheren Beanspruchungen als den geforderten gewachsen sind. Sie werden daher von vornherein als zu gering ausgenützt aus der Betrachtung ausgeschieden. Es wird also zunächst der Lösungsweg (G₁) mit dem Baustoff (B) Messing (Bild 43) zu überprüfen sein. Die Herstellung (E) wäre möglich durch Gießen oder Pressen. Bei einer Stückzahl von (X) $= 10^4$ ist

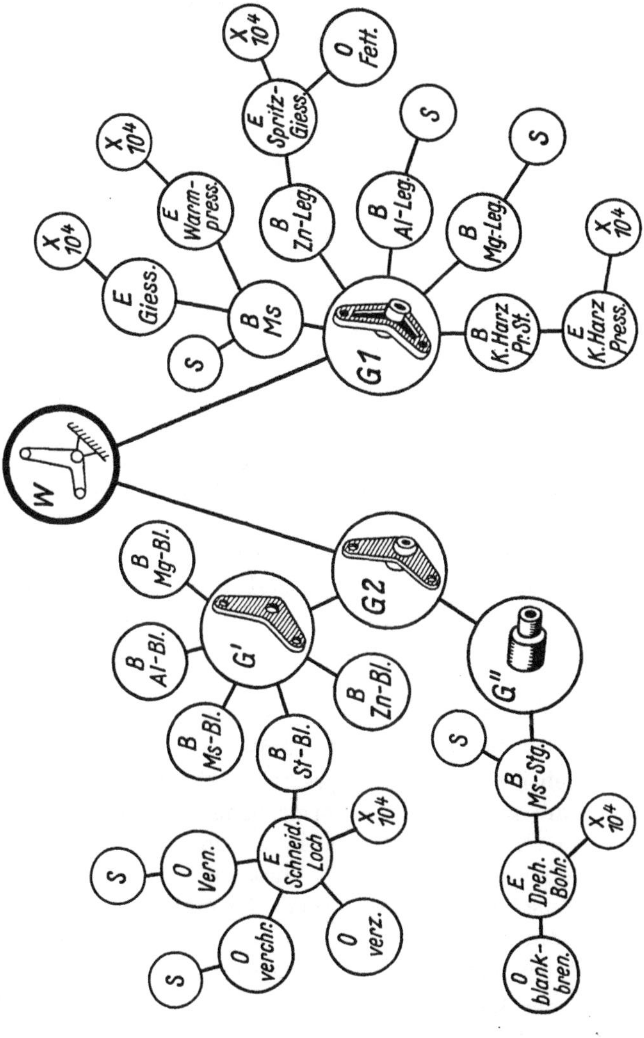

Bild 43. Aufsuchen des bestgeeigneten Baustoffes und des wirtschaftlichsten Herstellverfahrens für den Winkelhebel nach Bild 42.

das Warmpressen dem Sand- oder Kokillengießen überlegen. Die Stoffbeschaffungslage Ⓢ verbietet aber den massiven Hebel aus Messing aus volkswirtschaftlichen Gründen, da die Verbindungsstege zwischen den Lagern mit Rücksicht auf die Wirkung nicht aus dem hochwertigen Sparstoff Messing erforderlich sind.

Bei Zinklegierungen Ⓑ ist das Gleitverhalten in den schwierigen stoßweise beanspruchten Schwinglagern und bei der verhältnismäßig hohen Übertemperatur (Viskosität des Schmiermittels ist zu beachten) nicht bekannt. Ihr Einsatz würde daher Vorversuche bedingen und scheidet infolgedessen für eine Sofortlösung aus. Die Anwendung von Zinklegierungen wäre aber grundsätzlich vorteilhaft, da sich einige dieser Legierungen zum Spritzgießen Ⓔ eignen, welches bei den vorliegenden hohen Stückzahlen zweifellos wirtschaftlich wäre.

Aluminiumlegierungen fallen wegen der Beschaffungslage Ⓢ (allgemeines Verwendungsverbot durch Anordnung) aus, sonst bestünden die bei Zinklegierungen genannten Überlegungen auch hier zu Recht.

Mit Rücksicht auf die Festigkeitswerte liegen bei Anwendung von Messingbuchsen in den Lagerbohrungen auch Magnesiumlegierungen Ⓑ im Bereich des Möglichen. Messingbuchsen könnten in wirtschaftlicher Weise eingespritzt werden. Magnesiumlegierungen können aber vorübergehend Mangelmetalle, also Sparstoffe sein, ihr Einsatz hängt daher ebenfalls von der Beachtung der Beschaffungslage Ⓢ ab.

Ein Hebel aus Kunstharzpreßstoff Ⓑ mit eingepreßten Buchsen wäre bei geeigneter Formgebung (Verrippung) zwar imstande, die Aufgabe festigkeitsmäßig zu erfüllen. Die geringe Schlagbiegefestigkeit dieses Werkstoffes, welche letztere für diese Teile voraussetzungsgemäß die maßgebende Festigkeitseigenschaft sein soll, würde aber zu größeren Abmessungen führen, die den Zusammenbau erschwerten.

Neben der Massivbauart in Einstoff-Ausführung ist auch eine Zweistoff-Verbundbauart denkbar. Baustoffsparend wäre die Lösung Ⓖ$_2$, wobei die Hebelkörper aus Blech ausgeschnitten Ⓖ′ und die Lagerbuchsen Ⓖ″ als Drehteile eingenietet würden.

Als Baustoffe ⑧ für den Hebelkörper wären denkbar Al-Blech, Mg-Blech, Ms-Blech, St-Blech und Zn-Legierungsblech. Al-, Mg- und Ms-Blech scheiden wegen der Beschaffungslage ⑤ aus. Zn-Blech verträgt das Buchseneinnieten schlecht. Als volkswirtschaftlich und beschaffungsmäßig günstigste Lösung ist das St-Blech (Tiefziehblech) anzusehen, sofern nicht seine magnetischen Eigenschaften in einem elektromagnetischen Gerät dagegen sprechen. Dieses Blech erfordert wegen der geringen Korrosionsbeständigkeit einen besonderen Oberflächenschutz ⓞ. Nickel darf als hochwertiger Sparstoff hierzu nicht verwendet werden. Auch Verchromen mit Unterkupfern wäre zu wertvoll. Es bleibt nur galvanisch Verzinken als möglich bestehen, da Lackoberflächen zu teuer kämen und öl- und abriebfeste Lacke ebenfalls zu den Sparstoffen gehören. Der Hebelkörper wäre damit gefunden: Stahlblech verzinkt, gefettet. Als Herstellverfahren ⓔ für den Hebel käme bei den hohen Stückzahlen Schneiden und Lochen mit einfachen Werkzeugen in Frage.

Die Buchsen ⑥″ wären wegen der erforderlichen Laufeigenschaften ⓦ und wegen des Zusammenbaues ⓩ durch Nieten, aus Messing ⑧ herzustellen. Sie können auf Automaten von der Stange gedreht werden. Die Beschaffungslage verbietet im allgemeinen auch die Messingbuchsen. Da es sich aber im vorliegenden Falle um ein Gerät handelt, bei welchem der Antrieb des Hebels nicht von Hand, sondern durch eine beschränkte motorische Kraft erfolgt, wäre die Anwendung von konstante Reibungswerte verbürgenden Messingbuchsen zulässig.

Der Lösungsweg ⑥₂ erscheint nach diesen Überlegungen — soweit also nicht auch noch andere Teilaufgaben zu berücksichtigen sind — als der technisch und volkswirtschaftlich günstigste[1]).

Was lehrt nun dieses Beispiel an Allgemeingültigem für den Vorgang der Aufgabenlösung? Es lehrt, daß die gefühlsmäßig geübte Technik der Lösung konstruktiver Aufgaben

---

[1]) In dem vorstehenden Beispiel sind nicht alle möglichen, sondern nur zwei der möglichen Lösungswege von ⑥ aus verfolgt worden. Das Grundsätzliche ändert sich aber auch nicht bei mehr als zwei Lösungsmöglichkeiten.

darin besteht, einen möglichst vollständigen Überblick über die vernünftigen, also kritisch bewerteten, Kombinationen von Ⓦ, Ⓖ, Ⓑ, Ⓔ, Ⓩ, Ⓞ usw. herzustellen, und daß jede größere nach vorwärts gebildete Kombinationsgruppe vom Standpunkt jeder einzelnen Teilaufgabe nach rückwärts blickend wieder kritisch zu beurteilen ist.

Es ist also im allgemeinen nicht möglich, auf eine konstruktive Lösung zwangläufig, zielsicher hinzusteuern durch Kombinieren gegebener oder hinzuzufügender Voraussetzungen nach bestimmten mathematischen oder sonstigen logischen Denkregeln. Es ist vielmehr nur möglich, freie Kombinationen mit durch das Gedächtnis gegebenen Elementen zu bilden und diese auf ihre größere oder geringere Brauchbarkeit zu prüfen. Es ergibt sich von selbst, daß die Wahrscheinlichkeit, die beste Lösung zu finden, um so größer ist, je mehr Kombinationen gebildet worden sind. Die Technik der Aufgabenlösung verlangt daher vor allem Beherrschung möglichst vieler Elemente für diese Kombinationen, also vor allem Klarheit über die verschiedenen Möglichkeiten der Lösungen.

Die Lösungsmöglichkeiten der abhängigen Teilaufgaben — mit denen ja gleichzeitig die unabhängigen Aufgaben gelöst werden — können im voraus überblickt werden, da jede dieser Aufgaben mit ihren grundsätzlichen Lösungen eine engere Gruppe bildet, die sowohl bekannt als auch beschränkt ist. Es gibt, wie das Beispiel Bild 43 gezeigt hat, für ein bestimmtes Aufgabensystem mit Ⓢ/Ⓧ = gegeben, nicht mehr unendliche Freiheit in der Wahl der Lösungswege, sondern nur mehr einige wenige vernünftigen Wege. Daher wäre es im allgemeinen nicht nützlich, alle durch Kombinieren überhaupt herstellbaren Möglichkeiten der hier vorgegebenen Kombinationselemente auch wirklich aufzusuchen[1]). Gute Technik im Konstruieren ver-

---

[1]) In Sonderfällen, vor allem bei der Aufsuchung neuer Wirkungsweisen, ist dagegen rein mathematisches Kombinieren sogar sehr zu empfehlen, da neben manchen wirklich sinnlosen Kombinationen nicht selten auch eine solche neue Idee entsteht, für welche praktische Ausführungsmöglichkeiten gegeben sind.

Vgl. hierzu: Leibniz' »Ars inveniendi« — Maxwells Analogie — Bildung der mittleren Konstruktion in H. Schmidt, Regelungstechnik, Z. VDI 85 (1941), Nr. 4, S. 81.

langt, sofort nach Bildung einer Kombination durch das Ur-
teilsvermögen zu entscheiden, welche Kombinationen sinnvoll
und aussichtsreich sind und daher weiter verfolgt werden
sollen.

Die Feststellung, daß nicht nur die Zahl der Aufgaben,
die bei einer konstruktiven Arbeit Berücksichtigung verlangen,
sondern auch die Zahl der Lösungen beschränkt ist, läßt von
vornherein die Auffindung einer Technik der Lösung nicht unmöglich erscheinen. Aber schon eine überschlägige Rechnung läßt
erkennen, daß, selbst bei einem sehr geringen Anteil der vernünftigen Kombinationen an der Gesamtzahl der möglichen
Kombinationen, die Zahl der ersteren unübersehbar groß ist.
Eine Konstruktionsmethode, welche bei dem diese Methode
Benützenden nur geringe eigene Denktätigkeit erfordert, darf
daher niemals erwartet werden.

Um zu brauchbaren Kombinationen zu kommen, bleibt
daher nur der Weg des Probierens über, also des probeweisen
Gedankenzusammenfügens von Teillösungsmöglichkeiten mit
sofort anschließender Kritik dieser Verbindungen. Der Unterschied des Probierens besteht gegenüber dem Durchlaufen eines
vorgezeichneten Weges darin, daß bei dem ersteren das Ziel
nicht andauernd sichtbar bleibt (Bild 44). Bei dem Umgehen
von Hindernissen (Verfolgung verschiedener gedanklicher
Kombinationen) geht das etwa schon vorhandene Gefühl für
die Richtung zum Hauptziel oftmals wieder verloren. Es sind
daher neben Schritten, welche die
Entfernung von dem jeweiligen
Standpunkt zum Ziel verringern,
auch solche Schritte möglich und
werden oft gegangen, die vom Ziel
weiter entfernen. Ein Kriterium
dafür anzugeben, ob ein Schritt
den Abstand vom Ziel verkleinert
oder vergrößert, ist nicht möglich. Trotzdem sind wir nicht
völlig hoffnungslos dem bloßen
Zufall ausgeliefert: Von den zwei
Größengruppen des herangezoge-
nen Vergleichsbildes, den Weg-

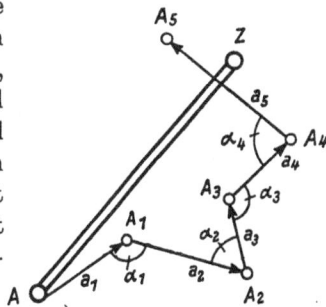

Bild 44. Unterschied zwischen
zwangläufiger Lösung einer Aufgabe und Lösung durch Probieren.
A = Ausgangspunkt. Z = Ziel.
A_1, A_2, .. neue, angenäherte
Ausgangspunkte.

strecken auf den Winkelschenkeln und den Winkeln selbst, können wir immerhin einiges aussagen:

1. Die Wegstrecken (vergleichbar mit den Lösungsmöglichkeiten der einzelnen Gedankengruppen) haben beschränkte Länge.

2. Die Reihenfolge, in welcher die einzelnen Wegstrecken einzutragen sind und die Winkel sind durch Erfahrung bekannt.

Diese beiden Tatsachen ermöglichen bei der Lösung konstruktiver Aufgaben an Stelle eines planlosen Herumtastens ein bewußtes, zielgerichtetes Probieren und versprechen die Erreichung eines Zieles in kürzestmöglicher Zeit. Die Beherrschung dieses planmäßigen Probierens zu gewinnen, ist zweifellos der schwierigste Teil der Technik des Konstuierens. Hier kann man nur auf Grund eingehender und stets lückenlos kritisierter Übungen an praktischen Beispielen zur Vollendung gelangen.

VII. Die Beschränktheit der Lösungen und die Reihenfolge der konstruktiven Gedanken

Im folgenden wird zunächst der Nachweis darüber geführt, daß die Zahl der kombinierbaren Vorstellungen im ganzen gesehen zwar sehr groß ist, aber in den, den Teilaufgaben entsprechenden Gruppen doch eng genug beschränkt ist, um mit für die hauptsächlichsten Konstruktionen ausreichender Vollständigkeit überblickbar zu sein. Die Lösungsmöglichkeiten der abhängigen Teilaufgaben werden beispielhaft kurz aufgezählt.

(W) Wirkungsweise. Die Möglichkeiten zur Erzielung einer bestimmten Wirkung, also die Wirkungsweisen, sind im praktischen Falle im allgemeinen sehr beschränkt.

Als Beispiel sei die Ermittlung der Wirkungsweise zu Bild 43 betrachtet (Bild 45). Es ist eine horizontale Schwingbewegung von $\pm s_1$ mm um 90^0 abzulenken und auf $\pm s_2$ mm zu übersetzen. Die Koordinaten der Bewegungspunkte seien m_1 und m_2. Die Bewegung erfolgt mit hohen Beschleunigungen.

Die praktische Getriebelehre bietet für die geometrische Lösung einer solchen Bewegungsaufgabe mehrere Wege dar: (W_1) ein Kulissengetriebe, (W_2) ein Lenkergetriebe, (W_3) ein Kurvengetriebe, (W_4) ein Seilscheibengetriebe, (W_5) ein Zahnstangengetriebe und (W_6) ein Hebelgetriebe als Näherungslösung.

Durch versuchsweise Verknüpfung dieser Teillösungen mit anderen Betriebsaufgaben aus dem Aufgabenplan können sofort jene Lösungen ausgeschieden werden, welche die Wirkungsweise durch Verschleiß, Ungenauigkeit usw. ungeeignet erscheinen lassen. Das Kulissengetriebe (W_1), das Lenkergetriebe (W_2) und das Zahnstangengetriebe (W_5) erfüllen die Forderung nach kleinen Massen nicht gut, welche durch das Auftreten hoher Beschleunigungen verlangt wird.

W_1, W_2 und W_3 werden hohen Verschleiß in den Gleitführungen erwarten lassen. Das Seilscheibengetriebe W_4 scheidet aus, wenn die Kraft in beiden Richtungen wirkt, und daher in beiden Richtungen Steifigkeit verlangt wird. Das Hebelgetriebe W_6 schließlich gibt keine genauen Geradführungen der Kraftangriffspunkte.

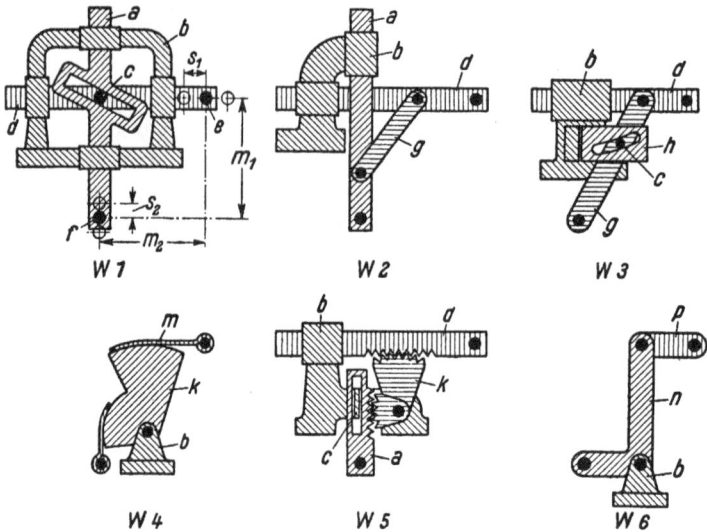

Bild 45. Beispiel. Beschränkte Anzahl von Lösungsmöglichkeiten für eine Getriebeaufgabe.

Wie dieses eine, willkürlich herausgegriffene Beispiel zeigt, ist die Anzahl der grundsätzlich möglichen Lösungen für die Wirkungsweise beschränkt. Dies gilt ganz allgemein.

G Gestalt. Die Möglichkeiten der Gestaltgebung eines Konstruktionselementes sind ebenfalls nur streng genommen unendlich. Praktisch lassen sich grundsätzliche Typen erkennen, deren Grundformen, wie z. B. Schrauben, Gleitlager, Kugellager, untereinander weitgehend ähnlich sind. Aus der notwendigen Anpassung an die jeweils vorliegende Aufgabe folgen dann die Abweichungen von der Grundform. Die Ähnlichkeit gewisser Elemente ist bedingt durch den engen Zusammenhang zwischen der Gestalt der Teile und ihrer Wirkungsweise.

Konstruktionselemente entwickelten alle Fachgebiete der mechanischen Technik: Maschinenbau, mechanischer Feingerätebau, Starkstromtechnik, Schwachstromtechnik, optischer Feingerätebau, chemischer Apparatebau usw.

Werden aus allen Fachgebieten die allgemein verwendbaren, also in den Grundformen stets wiederkehrenden Konstruktionselemente herausgehoben, so können dies nur die rein mechanisch beanspruchten Elemente sein. Sie lassen sich zusammenfassen in die Gruppen: Getriebeelemente/Lager und Führungen/Hebel, Stangen und Klinken/Stütz- und Tragkonstruktionen/Beschlagteile, Betätigungselemente/Befestigungselemente. Jede dieser Gruppen der allgemeinen Konstruktionselemente erweckt bereits eine, wenn auch noch sehr allgemeine, vielleicht sogar stark abstrakte Vorstellung von der Wirkungsaufgabe des Elementes und auch schon von dessen Gestalt. Es ist nicht schwer, in jeder Gruppe einige typische Vertreter anzugeben.

(B) Baustoff. Die größte Mannigfaltigkeit besteht bei der Auswahl der Baustoffe. Dennoch ist die Auswahl eines geeigneten Baustoffes keine Glücksache, sondern durch logische Überlegungen zu treffen.

Die Baustoffe sind mit Rücksicht auf den Einsatz in mechanischen, elektrisch-mechanischen, magnetischen usw. Konstruktionen schon weitgehend gruppierbar, so daß die Zahl der für einen bestimmten Zweck zu beachtenden Stoffe im allgemeinen doch wieder ziemlich eng beschränkt ist.

(H) Herstellverfahren. Die Lösungsmöglichkeiten in bezug auf die Herstellverfahren sind noch beschränkter als die Mannigfaltigkeit der Formen und Baustoffe.

(E) Einzelteilherstellung. In der Einzelteilherstellung bestehen die beiden Gruppen der spanlosen Formgebung und der zerspannenden Formgebung nebeneinander. In der ersten Gruppe stehen: das Schneiden, Biegen, Ziehen, Prägen; das Metallwarmpressen, Metallkaltspritzen, das Metallspritzgießen, Kokillen-, Sandgießen; das Kunststoffpressen, -spritzen, -gießen; das Schmieden, Bördeln, Drücken. In der zweiten Gruppe stehen: das Bohren, Drehen, Fräsen, Hobeln, Räumen; das Schleifen, Läppen, Ziehschleifen und Polieren.

(Z) An Zusammenbauverfahren gibt es das Einpressen, Einspritzen, Eingießen, Verlappen, Nieten, Rohrnieten, Kerbstiften, Punktschweißen, Buckelschweißen, Schmelzschweißen, Löten; Aufschrumpfen, Einschrumpfen, Verschrauben, Kleben, Kitten usw.

(O) Die Zahl der Oberflächenstoffe (Ü) und der Verfahren zu ihrer Aufbringung ist ebenfalls beschränkt. Es gibt galvanisch oder durch Plattieren oder durch Aufspritzen aufgebrachte Metallschichten. Es gibt elektrochemisch oder rein chemisch aufgebrachte Oxyd- oder Salzschichten. Es gibt die durch Aufspritzen oder Aufstreichen oder Tauchen aufgebrachten Farbschichten, Lackschichten, oder Fett- oder Ölfilme. Ferner können Kunststoffblätter aufgeklebt oder Gummischichten aufvulkanisiert werden. Die Eigenschaften der Oberflächenschichten sind zwar sehr verschieden, aber zu übersehen.

(V) Vorrichtungen. Bei der Festlegung der Gestalt ist auch an die erforderlichen Vorrichtungen und Werkzeuge zu denken. Sie sollen bei Erfüllung der an sie gestellten Anforderungen möglichst einfach sein, um im Vorrichtungsbau und Werkzeugbau keine zu hohen Arbeitszeiten zu verursachen. Die Zahl der Typen an Vorrichtungen und Werkzeugen ist, abgesehen von komplizierten Sondervorrichtungen, die eine Kombination mehrerer Vorrichtungselemente darstellen, beschränkt.

(L) Lehren, Prüfen. Die Prüfung der Teile und der Erzeugnisse spielt in der rationellen Fertigung eine sehr bedeutende Rolle. Daher hat schon die Konstruktion hierauf Rücksicht zu nehmen, also vor allem so zu konstruieren, daß möglichst wenig Prüfungen nötig werden. Prüfungen erstrecken sich sowohl auf die Kontrolle der geometrischen Abmessungen der Teile (als Lehren bezeichnet), als auch auf deren mechanische, elektrische, akustische, optische, chemische usw. Eigenschaften. Es ist oftmals notwendig, die Gestalt so festzulegen, daß Prüfungen leicht vorgenommen werden können. Es darf nicht übersehen werden, daß die Prüfkosten bei Geräten aus vielen Einzelteilen den Hauptkostenteil der Teilfertigung und des Zusammenbaues verursachen können. Die Anzahl der typischen Prüfungen ist sehr beschränkt.

Ⓜ Maschinenpark. Der verfügbare Maschinenpark schränkt die Zahl der anwendbaren Herstellverfahren weiter ein. Die Berücksichtigung dieser Teilaufgabe setzt lediglich die Kenntnis der Fertigungsmittel und deren Belegung voraus, ein Wissen, welches der Fertigungsingenieur zu vermitteln imstande ist.

Ⓣ Termin. Die Lage des Termines für die Lieferung eines Erzeugnisses beschränkt unter Umständen sowohl die Art der anzuwendenden Baustoffe als auch die Auswahl der Herstell- und Zusammenbauverfahren. Letzteres, wenn Maschinen, Vorrichtungen und Werkzeuge erst beschafft werden müssen oder stark besetzt sind, ersteres wenn die Baustoffe nicht auf Lager liegen. Der Termin gibt mithin für die Lösungen den Teilaufgaben Ⓑ, Ⓖ, Ⓗ richtende Beiträge.

Nachdem im vorstehenden die Beschränkung aller Lösungsmöglichkeiten umrissen worden ist, soll nunmehr die Aufeinanderfolge der Gedanken als methodisch wichtigster Teil der Technik behandelt werden.

Diese Frage soll hier nur für die Gruppen-Mittelpunkte Ⓦ, Ⓖ, Ⓑ, Ⓗ Ⓚ beantwortet werden. Für diese ist die Antwort aber sehr einfach: Die Reihenfolge des Ablaufes der Gedanken ist Wirkung → Wirkungsweise → Gestalt → Baustoff → Herstellverfahren → Kosten.

Dieser Vorgang soll für ein Beispiel im Schema verfolgt werden (Bild 46). Von der Wirkung Ⓦ ausgehend sei eine bestimmte Wirkungsweise W_1 gefunden worden. Aus dieser ergibt sich >Gedanke 1> eine Grundform der Gestalt G_1. Der nächste Schritt >2> erfaßt die Verwirklichung der Grundform mit Baustoff B_1. Dieser Baustoff verlangt >3> das Herstellverfahren H_1'. Die Kontrolle >4>, ob mit diesen Verfahren die Gestalt G_1 tatsächlich zu erreichen ist, soll ein negatives Ergebnis bringen.

Die bisher lückenlose Gedankenkette 1—4 endet daher fruchtlos bei G_1. Es wird daher >5> von G_1 aus beim vorletzten Glied B_1 die Kette nochmals aufgenommen >6> und ein anderes Herstellverfahren erwogen H_1''. Dieses Verfahren verbürgt >7> die verlangte Gestalt G_1. Es werden sodann >8> die Herstellkosten K_1'' überprüft.

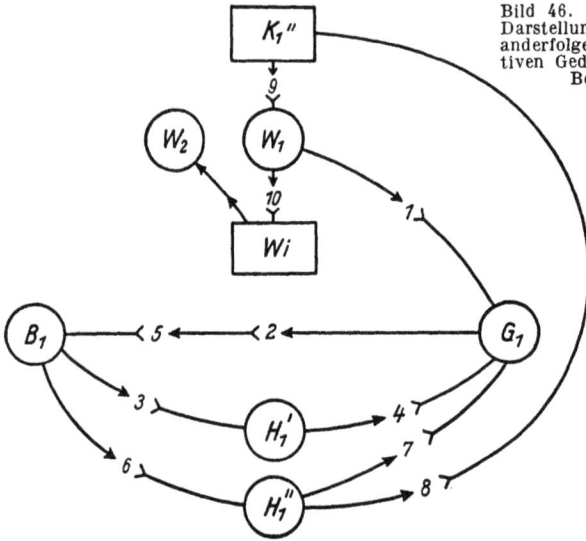

Bild 46. Schematische Darstellung der Aufeinanderfolge der konstruktiven Gedanken für ein Beispiel.

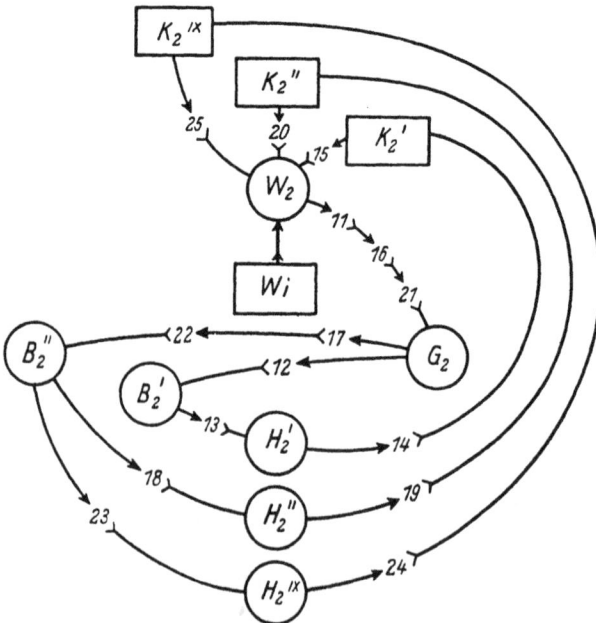

Bild 47. Fortsetzung von Bild 46, wenn die Kosten K_1'' nicht befriedigen.

Sind die Kosten zufriedenstellend, dann ist die Aufgabe gelöst. Befriedigen die Kosten aber nicht, dann geht die Lösungsarbeit weiter. Es wird dann geprüft $>9>$ ob nicht die Wirkungsweise W_1 geändert werden kann. Zu diesem Zweck wird $>10>$ wieder auf die verlangte Wirkung W_1 zurückgegangen. Tatsächlich soll sich ein Weg zu einer anderen Wirkungsweise W_2 zur Erzielung der gleichen Wirkung gangbar zeigen (Bild 47). Es beginnt nun der Kreislauf der konstruktiven Gedanken von neuem. Über $>11>$ wird die Gestalt G_2 gefunden. Mit $>12>$ dem Baustoff B_2', $>13>$ und dem Herstellverfahren H_2' $>14>$ ergeben sich die Kosten K_2'. Auch diese befriedigen noch nicht $>15>$; es wird von der Wirkungsweise W_2 aus ein neuer Weg $>16>$ versucht. Er führt zunächst wieder über G_2 $>17>$ zu einem neuen Baustoff B_2''. Das Herstellverfahren H_2'' $>18>, >19>$ führt zu den Kosten K_2''. Es wird noch ein weiterer Weg versucht $>20>, >21>, >22>, >23>, >24>$. Mit K_2'' sollen die günstigsten Herstellkosten gefunden sein.

Die Aufzeichnung der Schemata (Bild 46, 47) greift noch mehr ins psychologische Gebiet über, als die Aufstellung des Aufgabenplanes. Es muß daher dazu gesagt werden, daß diese einzelnen Schritte nur als getrennte Vorgänge dargestellt wurden, um ihre Lehrbarkeit und Einübbarkeit zu zeigen. Der geübte Konstruktionsingenieur wird bei Auftreten der Vorstellung B_2' oftmals gleichzeitig auch die Vorstellung H_2' und K_2' mitsehen und wird ohne mühsames Tasten in einzelnen Schritten sofort auf H_2'' springen.

Die Aufeinanderfolge der Berücksichtigung der übrigen Teilaufgaben ist durch den Aufgabenplan (Bild 40) bestimmt. Es empfiehlt sich, von jedem Gruppenmittelpunkt aus, die auf ihn einflußnehmenden Teilaufgaben im Uhrzeigersinn im Schema zu durchlaufen, ehe zu dem nächsten Gruppenmittelpunkt weitergegangen wird.

Bei der praktischen Durchführung mancher Lösungsaufgaben wird es wegen der großen Zahl der Gedankenwege kaum möglich sein, diese nach dem obigen Schema (Bild 46) darzustellen. Wenn das Schema aber einmal als fester Bestandteil in das bewußte oder besser noch unbewußte konstruktive Denken aufgenommen worden ist, dann ist die tatsächliche bildliche Aufzeichnung auch nicht mehr im vollen Umfang erforderlich. Dann kann die vollständige konstruktive Entwicklung übersichtlicher in Tabellenform verfolgt werden.

Für das Beispiel des Hebels (Bild 43) würde sich die Aufeinanderfolge der Gedanken so vollziehen, wie dies in Tafel V und VI dargestellt ist. Zunächst wird die Gestaltlösung G_1 geprüft. Es werden die verschiedenen Baustoffe, von dem volkswirtschaftlich im allgemeinen günstigen Gußeisen ausgehend, der Reihe nach versuchsweise in Verbindung gebracht mit der Möglichkeit der Oberflächenbehandlung, der Einzelteilherstellung, den notwendigen Vorrichtungen, Mo-

G_1				
B	*Ü*	*E*	*V*	*Ausscheidung wegen*
Ge	feuerverz.	gießen fräsen bohren	Modell Frässpannvorr. Bohrspannvorr.	Gr, Y zu klein teuere Bearb.
St	galvan. verz.	warmpressen fräsen bohren	Gesenk Frässpannvorr. Bohrspannvorr.	Gr, Y zu klein teuere Bearb.
St – gez. So-Profil	galvan. verz.	sägen fräsen bohren	Bohrspannvorr.	Y hohe Sägekosten
Zn – Leg	keine	spritzgießen entgraten nachreiben	Form	W Versagen bei dauernd hoher Temperatur
Mg – Leg	Bichromatisieren, fetten	spritzgießen entgraten nachreiben	Form	S
Al – Leg	keine	spritzgießen entgraten nachreiben	Form	S
Ms	keine	warmpressen fräsen bohren	Gesenk Frässpannvorr. Bohrspannvorr.	S
Pr St – S	keine	pressen entgraten	Form	W zu geringe Schlagbiegefestigk.
Pr St – T 2	keine	pressen entgraten	Form	+

Tafel V.

G_2					
B_{hebel}	Ü	E	V	P	Ausscheidung wegen
St. Swz. Bl. St. II 23	galv. verz.	lochen schneiden	kompl. Schnitt	Dicke wechselnd	Z Buchsennietung
St. Tfz. Bl. St. VIII 23	galv. verz.	"	"	Dicke sehr gleichm.	+
Zn-Leg. Bl.	keine	"	"	"	Z Buchsennietung unmöglich
Mg-Leg. Bl.	bichrom. gefettet	"	"	"	S
Al-Leg. Bl.	keine	"	"	"	"
M_s-Bl.	"	"	"	"	"
Ht. Gwb.	"	"	"	"	W Festigkeit Temperatur
B_{buchse}					
Auf. St	galv. verz.	drehen autom.	/	/	Y Ausbringung
Zn-Leg.	keine	"	/	/	W Nieten hält nicht
Ms	"	"	/	/	S ev. Ausnahmegenehmigung

Tafel VI.

dellen und Werkzeugen. Wird jede dieser Verbindungen sofort kritisch geprüft, so genügen schon diese wenigen Gesichtspunkte, um eine gewisse Vorwahl zu treffen. Werden dann nach der obigen Vorschrift die weiteren Gesichtspunkte des Aufgabenplanes herangezogen, so ist jener Punkt, welcher den Baustoff aus der Reihe der Möglichkeiten zur Ausscheidung zwingt, in die letzte Spalte einzutragen. Nur wenige Lösungen (+) bleiben als brauchbar bestehen.

VIII. Die unabhängigen Teilaufgaben

Die Lösungen aller abhängigen Teilaufgaben werden bestimmt durch die unabhängigen Teilaufgaben. Diese für den Konstruktionsingenieur Konstanten darstellenden Aufgaben sind für den Auftraggeber, z. B. den Vertriebsingenieur, zunächst veränderliche Größen. Aus ihrem veränderlichen Verlauf hält er auf Grund gewisser technischer und wirtschaftlicher Überlegungen einen bestimmten Zustand fest, womit sie erst zu Konstruktionskonstanten werden. So ist z. B. die Höchstgeschwindigkeit eines Personenkraftwagens keine festliegende Größe; sie könnte mit 100, 120, 140, 160 usw. km/h angenommen werden. Der Vertriebsingenieur entscheidet z. B. aus Wettbewerbsgründen, daß der richtige Wert bei 140 km/h liegt. Es gehört in den Verantwortungsbereich des Auftraggebers für die Konstruktion, diese Konstanten richtig zu ermitteln, so daß sie für den eben vorliegenden Konstruktionsauftrag auch wirklich Konstante darstellen und nicht während der Konstruktion immer wieder geändert werden müssen.

Würde die Lösung konstruktiver Aufgaben — z. B. infolge der Möglichkeit, Baustoffe mit beliebigen Eigenschaften synthetisch wirtschaftlich herzustellen und sie in jede beliebige Form bringen zu können — keinerlei technische Schwierigkeiten bereiten, so könnte der Auftraggeber vom Konstruktionsingenieur verlangen, daß jede von ihm gestellte Betriebsaufgabe voll erfüllt wird.

Infolge der im allgemeinen nicht willkürlichen Steuerbarkeit der Baustoffeigenschaften und infolge der privat- und volkswirtschaftlich beschränkten Mittel der Herstellung, insbesondere durch Bindung von Arbeitskräften, ist es nun entweder technisch oder wirtschaftlich nicht möglich, jede Betriebsaufgabe mit 100% zu verwirklichen. Würde der Auftraggeber dennoch auf der vollen Einhaltung aller seiner Bedingungen bestehen, so verursachte er damit dem Konstruktionsbüro umfangreiche und schließlich doch zwecklose Arbeit, denn die entstehenden, 100% verwirklichen sollenden Konstruktionen werden schließlich nur dazu dienen können, an Hand von Mustern die Unzweckmäßigkeit der Ideen des Auftraggebers zu erweisen.

Der praktische Vorgang läuft im allgemeinen so ab, daß der Auftraggeber, welcher zuerst eine hundertprozentige Erfüllung aller seiner Betriebsaufgaben verlangt, im Laufe des Reifens der Konstruktion durch den Konstruktionsingenieur schrittweise auf Schwierigkeiten hingewiesen wird, welche die Lösungen einzelner Teilaufgaben bieten. Schrittweise geht der Auftraggeber dann von seinen ursprünglichen Forderungen ab und begnügt sich schließlich mit einer Gesamtlösung, in welcher die unabhängigen Teilaufgaben nunmehr in allen Graden zwischen 0 und 100% verwirklicht sind.

Der Zeitaufwand für die Überzeugung des Vertriebsingenieurs oder allgemein des Auftraggebers von den Schwierigkeiten der Verwirklichung, wobei die Verständigung oftmals daran krankt, daß der Konstruktionsingenieur nicht redegewandt genug ist, um die von ihm erkannten Schwierigkeiten deutlich darzulegen (worauf die anderen gewandteren im Interesse der Förderung der Arbeit helfend Rücksicht nehmen müßten) — stellt eine zwecklose Vergeudung wertvoller Arbeitskraft dar und muß daher vermieden werden. Der Auftraggeber braucht zu diesem Zwecke sich nur vor der Aufgabenstellung selbst darüber klar zu werden, wie weit er äußerstenfalls von seiner mit 100% wünschenswerten Forderung heruntergehen kann. Dieses Verlangen ist erfüllbar, da die unabhängigen Aufgaben durch die Lösungen ja nicht beeinflußt werden.

Zur Bewertung der Anforderungen eignet sich eine Kennlinie (Bild 48). Sie gibt den Grad der Notwendigkeit der Verwirklichung an. Für die Bewertung haben sich drei Stufen als zweckmäßig erwiesen. Mit Stufe 3 sollen jene Betriebsaufgaben bewertet werden, welche eine unerläßliche Anforderung darstellen. Dies gilt im allgemeinen für die Wirkung — sofern diese nicht leistungsmäßig veränderlich ist —; die Kennlinie der Betriebsanforderungen muß daher bei $\textcircled{Wi}$ durch den Punkt 3 laufen.

In Stufe 2 sind jene Betriebsanforderungen einzureihen, deren Erfüllung so wichtig ist, daß auch noch größere Schwierigkeiten bei der Entwicklung und bei der Herstellung in Kauf genommen werden müssen. Allerdings muß hier eine Grenze als gezogen gelten: Die Erfüllung der Anforderungen muß mit übersehbaren Mitteln möglich sein.

Stufe 1 wird jenen Betriebsanforderungen zugeteilt, deren Erfüllung zwar zweckmäßig wäre und wertvolle zusätzliche

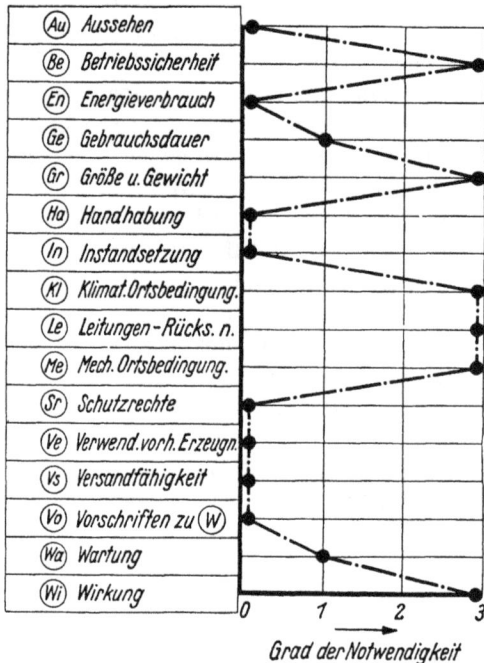

Bild 48. Kennlinie der konstruktiven Anforderungen der Betriebsaufgaben. Einschätzung des Grades der Notwendigkeit der Verwirklichung.

Eigenschaften des Erzeugnisses brächten; sie werden aber nur dann verwirklicht, wenn damit keine besonderen Schwierigkeiten und Kosten verbunden sind.

Die Stufe 0 schließlich kennzeichnet jene allgemeinen Anforderungen, denen in dem jeweils vorliegenden Sonderfalle keine besondere Beachtung geschenkt werden muß oder die dabei überhaupt nicht auftreten.

Ein solches Bewertungssystem verliert sofort seinen Sinn, wenn der Vertriebsingenieur, um sich die Arbeit zu erleichtern, allen Betriebsanforderungen die Stufe 3, also unerläßlich, zuordnet. Vor einer Überbewertung, mit der Absicht, durch die Vorstellung großer Wichtigkeit, den Konstruktionsingenieur zu besonderen Leistungen anzuspornen, muß gewarnt werden, da jede Reizwirkung mit der Zahl der Wiederholungen abnimmt und das gelegentlich wirksame Verfahren als Dauerverfahren wertlos und sogar gefährlich wird.

In gesunden Betrieben bzw. bei konstruktiv ausreichend einsichtigen äußeren Auftraggebern für eine konstruktive Entwicklungsarbeit wird die erste Formulierung der unabhängigen Teilaufgaben (erste Näherung) nur in richtungweisendem Sinne erfolgen zu dem Zwecke, alle an der Entwicklungsarbeit beteiligten Stellen, also Auftraggeber, Vertriebsingenieur, Konstruktionsingenieur und Laboratoriumsingenieur mit der Problemstellung im allgemeinen vertraut zu machen. In einer gemeinsamen Entwicklungsbesprechung, bei welcher von allen vier Seiten nun die verschiedenen Bedenken und weitergehenden Möglichkeiten erwogen werden können, wird die Aufgabenstellung in zweiter Näherung festgelegt. Diese Aufgabenstellung bedeutet dann den Ausgangspunkt für die konstruktive Entwicklung. In den über diese Besprechungen verfaßten Berichten erfolgt die Bewertung der Anforderungen.

Die Erkenntnis der Notwendigkeit eines Bewertungssystems der Teilaufgaben ist in der Industrie schon lange vorhanden. Neben dem Schema der gezeigten Bewertungskennlinie werden noch andere Möglichkeiten ausgenützt. Die Kennlinie besitzt jedoch den großen Vorzug der Eindeutigkeit und Klarheit.

Eine Bewertung von Betriebsaufgaben ist auch notwendig, wenn eine Entscheidung zwischen zwei oder mehr konstruktiven Lösungen der gleichen Wirkungsaufgabe herbeizuführen ist.

Es werde der Fall angenommen, daß mehrere Lösungssysteme (W_1), (B_1), (H_1), (Z_1), (K_1), / (W_2), (B_2), (G_2), (H_2), (Z_2), (K_2) usw. nebeneinander gefunden sind. Alle sollen technisch und logisch fehlerfrei sein. Es ist nun festzustellen, welche von diesen Lösungen die »Richtige« ist. Der Unterschied der Lösungen wird darin bestehen müssen, daß sie verschiedene Betriebs-

8*

aufgaben in verschiedenem Maße erfüllen. Die Lösung 1 wird die eine Teilaufgabe besser erfüllen als die Lösung 2 und umgekehrt. Damit der Konstruktionsingenieur die Güte der Lösungen feststellen kann, ist daher eine Bewertung der Betriebsanforderungen notwendig.

Die Einschätzung der Wertigkeit der einzelnen Betriebsaufgaben ist stark subjektiv bedingt und setzt bei dem, der diese Bewertung vornimmt, praktische Erfahrung und großes Verantwortungsbewußtsein voraus. Der junge Ingenieur der auftraggebenden Stelle sowie der junge Vertriebsingenieur werden daher dazu neigen, möglichst viele Betriebsanforderungen und diese möglichst vollkommen befriedigen lassen zu wollen, weil sie der Meinung sind, damit am wenigsten Gefahr zu laufen, daß das Erzeugnis im Betrieb versagt. Der Neigung, die Betriebsanforderungen aus Unkenntnis der Betriebsverhältnisse zu hoch zu bewerten, muß auf das entschiedenste entgegengetreten werden. Richtig ist es im allgemeinen, möglichst wenig Anforderungen zu erfüllen, diese aber so gut als möglich verwirklichen zu lassen. Je weniger Anforderungen gestellt werden, um so besser kann die einzelne erfüllt werden, da der Zwang zu Kompromissen geringer ist.

IX. Erzeugungskosten

In bezug auf die Kosten gibt es nur eine richtige Lösung: Jene Lösung, welche alle Teilaufgaben befriedigend erfüllt und dabei die geringste Summe aus Herstellkosten und Betriebskosten ergibt. Diese ist die beste und daher anzustrebende Lösung.

Um zunächst für die Herstellkosten, auch als Selbstkosten oder Fabrikpreis bezeichnet, die günstigste Lösung finden zu können, müssen die Tatsachen übersehen werden, von denen diese abhängen. Diese Tatsachen sind zum Teil nicht konstruktiver Art; es ist jedoch notwendig, darauf einzugehen. Diese Einflüsse bringen auch die Verflochtenheit der Tätigkeit des Konstruktionsingenieurs mit dem Gesamtbetrieb und der Volkswirtschaft zwingender zum Bewußtsein, als andere Zusammenhänge dies zu tun vermöchten.

Wir beginnen zunächst wieder mit einem Beispiel.

Bei der Betrachtung der Kosten sind im Zusammenhang mit konstruktiven Erwägungen — im Gegensatz zu der üblichen Betrachtungsweise der industriellen Kalkulation — die Kosten für die Herstellung der Einzelteile und die Kosten für den Zusammenbau zweckmäßig getrennt zu verfolgen. Es ist dies geeignet, stets daran zu erinnern, daß immer beide Gesichtspunkte geprüft werden müssen. Es ist fast immer möglich, ein verwickeltes, schwer zu spannendes, zu bearbeitendes und zu prüfendes Konstruktionselement in eine ganze Reihe von einfacheren Einzelteilen aufzulösen; der Zusammenbau kann aber dann mehr kosten als die Herstellung eines selbst verwickelten einzigen Teiles. In solchen Fällen kann dann die Entscheidung zugunsten von gewissen an und für sich teureren Herstellverfahren getroffen werden, selbst wenn die Stückzahl von vornherein hierfür zu gering erscheint. Der Entfall der Arbeit an Paßflächen der Einzelteile und der Entfall der Zusammenbaukosten kann oft mehr ausmachen, als die Kosten für teure Werkzeuge betragen.

Zahlreiche Beispiele bieten hierfür die verwickelten Trag- und Stützkonstruktionen im Feingerätebau (Bild 50, 51). Bei dieser Konstruktion komme es auf die größte Genauigkeit bei der Einhaltung der drei Lagerbohrungsmitten mit den Maßen A, B, C, D an (Bild 49)[1]).

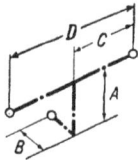

Bild 49. Beispiel. Schema der genau einzuhaltenden Abstände einer Tragkonstruktion.

Die Konstruktion (Bild 50) besteht aus vier Teilen: der Grundplatte a, den Stützwinkeln b, c und dem Tragwinkel d. Alle Teile sind aus Blech hergestellt. Sie sind mit einfachen Werkzeugen ausgeschnitten und mit normalen Biegestanzen gebogen. Mit Rücksicht auf die verlangte Genauigkeit muß nach dem Zusammenbau, gleichgültig ob dieser durch Nieten oder Punktschweißen erfolgt, eine Überarbeitung der Wirkungsflächen erfolgen. Dann erst kann von diesen Flächen aus in einer Lehre aufgenommen und gebohrt werden.

Würde dieses Teil dagegen z. B. aus Zinkspritzguß hergestellt (Bild 51), so käme es fertig aus der Spritzgießmaschine. Lediglich die Bohrungen wären nachzureiben.

Das Beispiel könnte aber genau so gut auch für die gegenteilige Überlegung beweisend herangezogen werden. Wenn z. B. die Gußkonstruktion in den Abmessungen viel größer wäre und keinen Fertigguß — wie dies der Spritzguß ist — darstellt, sondern ein Rohguß ist z. B. aus Ge 14.91 DIN 1691, mit hohem Stückgewicht, hohen Modell- und Bearbeitungskosten, dann könnte eine Schweißkonstruktion (ähnlich Bild 50) aus Stahlblech, lehrenhaltig geschweißt, zweckmäßiger sein.

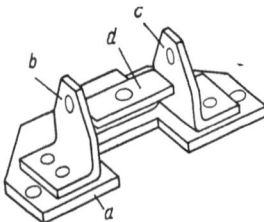

Bild 50. Beispiel. Tragkonstruktion für Feingerät. Blech, punktgeschweißt.

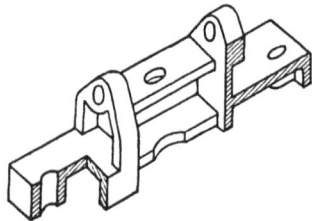

Bild 51. Tragkonstruktion für die Aufgabe nach Bild 49. Spritzgußkonstruktion.

---

[1]) Maß B ist schematisch übertrieben.

Diese Beispiele zeigen wieder, daß bei Betrachtung von nur einigen Teilaufgaben niemals eine Entscheidung über die »Richtigkeit«, also Wirtschaftlichkeit einer konstruktiven Lösung getroffen werden kann.

Wird an dem vorstehenden Beispiel erwogen, wodurch die Herstellkosten entstehen, so erscheinen hierfür zunächst als ausschlaggebend der Arbeitsaufwand in der Einzelteilfertigung und im Zusammenbau, der Baustoffaufwand, der Aufwand an Werkzeugen, Vorrichtungen, Modellen, Gußformen, Lehren und Meßmitteln. Diese Kostenquellen liefern wichtige Anteile zu dem Aufwand, welchen die Selbstkosten darstellen. Aber damit sind bei weitem nicht alle Kostenquellen der Herstellung erschöpft. Im Gegenteil, die genannten Aufwendungen stellen nur den kleineren Teil der gesamten Kosten dar. Es kommen nämlich hinzu die Kosten für die Betriebsfähighaltung der Werkstätten, Lagerplätze und Büros, also Mieten oder Kapitalzinsen, Tilgungsquoten; Reinigungs-, Herstellungs- und Beleuchtungskosten, ferner Kosten für Anschaffung, Abschreibung, Wartung und Instandsetzung der Werkzeugmaschinen, Werkzeuge, Geräte, Förderanlagen, Werkstattmöbel, Büromaschinen und Büromöbel; ferner Kosten für Dampfkraft, Strom, Gas und Wasser. Kosten verursachen die eigenen und fremden Transportmittel, erstere durch eigene Waggons, Schiffe, Kraftwagen usw., letztere durch Frachtsätze und Versicherungen, ferner Gleisanschlüsse, Häfen. Ferner gehören zu den Kosten die Auslagen für Porto-, Telegrafen- und Fernsprechgebühren, für Schreibpapier, Lichtpausen, Farbbänder usw. Schließlich sind auch die Kosten für die Angestellten im Fertigungsbüro, Terminbüro, Kalkulationsbüro, Betriebsbüro, in der Werkstoffprüfung, Lagerverwaltung, im Einkauf, in der Betriebsführung sowie die Kosten für Reisen, soziale Aufwendungen, Lehrlingsausbildung, Weiterbildung der Angestellten, Luftschutz usw. einzurechnen.

Alle diese Kosten, außer den Baustoff- und Lohnkosten, werden unter dem Begriff »Gemeinkosten« zusammengefaßt. Sie sind neben jenen ersteren mit der Durchführung der Produktion unvermeidlich verknüpft.

Die Gemeinkosten sind von der Art und dem Herstellverfahren des jeweils zu fertigenden Einzelerzeugnisses nach dem üblichen Ermittlungsverfahren weitgehend unabhängig. Sie werden nur durch die große Ausrichtung der Art der Fertigung — Einzelfertigung oder Großfertigung — beeinflußt. So wird z. B. eine weitgehend automatisierte Fertigung wegen ihres hohen Aufwandes an Spezialmaschinen und wegen eines eigenen Spezial-Werkzeugmaschinen-Konstruktionsbüros sowie einer eigenen Maschinenbauwerkstätte zu höheren Gemeinkosten führen. Da durch die Automatisierung der Fertigung aber Menschenarbeit ersetzt wird, gehen die Lohnkosten in einer solchen Fertigung herunter.

Bei der Verteilung der Gemeinkosten auf das einzelne Erzeugnis ging man von der Erwägung aus, daß ein Erzeugnis, welches viel Lohnarbeit verlangt, auch in höherem Maße Gemeinkosten verursacht. Dies trifft für die Maschinenabschreibung, Wartung, Energie usw. sicher zu, nicht aber für jene Kostenanteile, welche durch Spezialmaschinen, die den Lohn gegenläufig beeinflussen oder wie die Zinsen allein durch die Zeit bedingt sind. Es ist indessen wegen der Schwierigkeit, ja Undurchführbarkeit einer streng richtigen Verrechnung in Betrieben der hier betrachteten Art allgemein üblich, die Gemeinkosten auf die Lohnkosten zu beziehen, wobei gewisse schwerwiegende und nicht selten für den Fortschritt gefährliche Mißstände in Kauf genommen werden[1]).

Die gebräuchlichste Berechnungsformel für den Fabrikpreis k lautet demnach:

$$k = b + l \cdot g,$$

(b = Baustoffkosten, l = Lohnkosten), wobei alle Werte auf die gleiche Stückzahl (1 Stück, 100 Stück usw.) bezogen werden müssen. Da der Gemeinkostenfaktor g in der Großfertigung sehr hohe Werte erreicht (z. B. 400 bis 800%), ergibt sich, daß für die Herstellkostenberechnung die Lohnkosten den ausschlaggebenden veränderlichen Anteil bilden. Bei einem festliegenden Gemeinkostenfaktor können also sehr

---

[1]) Vgl. Kniehahn, Arbeitseinsatz und Leistung. Z. VDI 86 (1942), S. 257.
Vgl. ferner: J. Greifzu, Die Kalkulation in der Industrie. Hanseatische Verlagsanstalt, Hamburg 1933. (Die verschiedenen Verteilungsmethoden für die Gemeinkosten siehe dort S. 88ff.)

kleine Änderungen in der Arbeitszeit bereits zu bedeutenden Änderungen der Herstellkosten führen.

Würde ein Betrieb nur ein einziges Erzeugnis herstellen (wodurch er in der Lage wäre, tatsächlich eine exakte Abrechnung durchzuführen), dann wäre der wirkliche volkswirtschaftliche Fortschritt $k_1 - k_2 > 0$ einer neuen konstruktiven Lösung leicht festzustellen. Es müßte demnach sein: $l_1 \cdot g_1 > l_2 \cdot g_2$, wobei die Lohnkosten eine Funktion der Gemeinkosten darstellen.

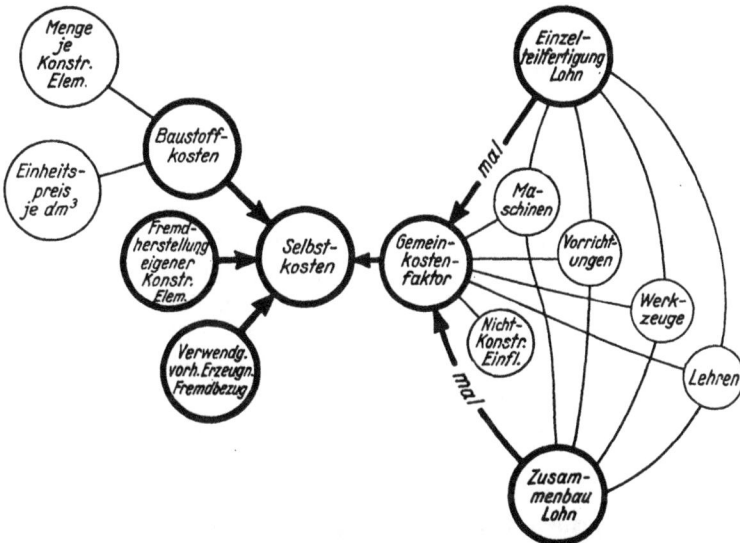

Bild 52. Die Verknüpfung der Selbstkosten mit den durch den Konstruktionsingenieur beeinflußbaren Größen.

Die Werkzeugkosten werden entweder in die Gemeinkosten aufgenommen oder sie werden selbständig als Werkzeugkosten w neben den Baustoffkosten ausgeworfen und zeigen dann leicht die Wirtschaftlichkeit verschiedener Fertigungsverfahren bei konstantem Gemeinkostenfaktor auf.

Die durch den Gemeinkostenfaktor so stark vervielfachten Lohnkosten lassen leicht den Eindruck entstehen, als ob die Baustoffkosten vernachlässigbar klein wären. Dies trifft weder im Maschinenbau noch im Feingerätebau zu. Für den letzten Fall wird dies dadurch erklärt, daß die dort verwendeten Baustoffe aus verschiedenen Gründen (kleinere absolute Abmessungen, höhere Maßhaltigkeitsanforderungen, gleichmäßigere technologische Eigenschaften, höhere Oberflächengüte) wesentlich teurer sind als jene des Maschinenbaues.

Bei der Betrachtung dieser Zusammenhänge darf nicht übersehen werden, daß die Lohnkosten selbst aber auch eine Funktion der Baustoffeigenschaften und Baustoffkosten darstellen. Dies hat z. B. zur Folge, daß bei Werkstücken mit nennenswerter Zerspanungsarbeit, soweit dies mit Rücksicht auf die Stoffbeschaffungslage möglich ist, stets solche Baustoffe bevorzugt werden, welche gegenüber anderen (z. B. Stahl) zu niedrigeren Löhnen führen.

Auf welche Kostenquellen der Konstruktionsingenieur Einfluß nehmen kann, wird zweckmäßig wieder in einem Schema dargestellt (Bild 52), welches die gegenseitigen Abhängigkeiten deutlich werden läßt. Der Konstruktionsingenieur bestimmt danach durch die Art der gewählten Baustoffe den Einheitspreis je dm³ und durch das Volumen, das er den Konstruktionselementen gibt, die gesamten Baustoffkosten. Die Höhe der Löhne in Teilefertigung und Zusammenbau ist eine Funktion seiner Technik des Konstruierens. Aber auch auf die Gemeinkosten nimmt er Einfluß, indem er Teile festlegt, die auf schnellen, aber weniger genauen Maschinen, mit einfachsten Vorrichtungen und Werkzeugen herstellbar und mit normalen Lehren zu prüfen sind. Genau die gleichen Überlegungen gelten für die Kostenbeeinflussung auch jener Teile, welche nach eigenen Zeichnungen von fremden Firmen hergestellt werden, wie Preßteile, Gußteile, Spritzgußteile, Gummiteile usw.

Werden die Kosten jeder Stelle, nicht wie früher üblich als Geldaufwand, sondern als Arbeitsaufwand betrachtet, dann sind sie in weitgehender Annäherung ein Maß für die dem rohen Ausgangsstoff in der Rohstofferzeugung und Fertigfabrikation zugeführte menschliche Arbeit. Die Verteilung dieser Relativkosten RM/kg nach der Häufigkeit ihres Auftretens ist u. a. auch ein wertvolles Hilfsmittel zur Kennzeichnung verschiedener Arbeitsgebiete, wie z. B. Maschinenbau und Feingerätebau (Bild 53).

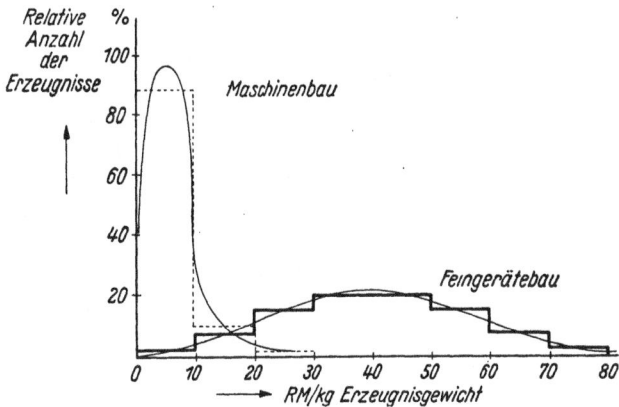

Bild 53. Die Häufigkeit des Vorkommens der spezifischen Herstellkosten in der mechanischen Industrie.

Die Ermittlung des Verkaufspreises, im Gegensatz zum Fabrikpreis eines Erzeugnisses der mechanischen Industrie baut sich auf den Herstellkosten (Fabrikpreis) auf, indem zu diesem die Entwicklungskosten, wie Laborkosten, Konstruktionskosten, ferner die Patentkosten und Vertriebskosten, Steuern usw. sowie der Gewinn hinzugeschlagen werden. Diese Zuschläge stellen wohl in den meisten Fällen für ein bestimmtes Geschäftsjahr festliegende Multiplikatoren zu den Herstellkosten dar[1]).

Die Kosten werden oftmals nicht unwesentlich beeinflußt durch die Aufwendungen für die verfahrensmäßige (Wirkungsweise) und konstruktive Entwicklung. Es ist dann zu unterscheiden zwischen Erzeugnissen, welche hohe Entwicklungskosten tragen können und solchen, wo diese Kosten so klein als möglich zu halten sind. Hierbei spielt nicht immer die Stückzahl allein die ausschlaggebende Rolle.

---

[1]) Früher wurden alle nicht unmittelbar an der Fertigung, also der werkstattmäßigen Verwirklichung beteiligten Dienststellen eines Werkes als »Unkostenstellen«, also als zwar unvermeidbare, aber unnütze Kostenstellen aufgefaßt. Aus dieser falschen Grundeinstellung ergab sich bei manchem Verantwortlichen das Bestreben, diese Kosten oft mit rigorosen Mitteln, unbekümmert um die späteren Folgen, niedrig zu halten. Daß mit dieser Auffassung auch die Tätigkeit des »Konstruktionsingenieurs = Unkostenstelle« in ein ganz falsches Licht geriet, gehört erfreulicherweise bereits der Vergangenheit an.

Bei Neuentwicklungen liegt bei Beginn der Entwicklungsarbeiten meist nicht viel mehr als eine Idee vor. Es sind nur Mutmaßungen möglich über die Bedeutung, welches dieses Erzeugnis, wenn es bis zur Reife entwickelt sein sollte, erlangen könnte. Hier kommt es sowohl auf das technische Gefühl und den Wagemut des verantwortlichen Mannes an, als auch auf dessen Vertrauen in die Fähigkeiten seiner Mitarbeiter. Nicht zuletzt entscheidet aber auch die wirtschaftliche Basis des Unternehmens, ob solche Neuentwicklungsarbeiten überhaupt erwogen werden dürfen, und wie weit sie die Kosten der ersten Serie der Erzeugnisse beeinflussen müssen. Es ist durchaus möglich, daß ein brauchbares Erzeugnis, auf welches ein Interessentenkreis technisch einzugehen bereit wäre, nicht eingeführt werden kann, weil die wirtschaftlichen Mittel dieses Kreises, um die mit hohen Entwicklungskosten belasteten Erzeugnisse der ersten Serie abzunehmen, zu knapp sind.

Es ist selten möglich, daß die die praktische Erprobung Verantwortenden neben den Kosten der Betriebsversuche auch noch die Kosten für die physikalische und technische Entwicklung übernehmen, ehe der Ausgang der Betriebsversuche klar ist. Anders ist dies bei im Auftrag von Behörden durchzuführenden Entwicklungen, wobei oftmals die im Frieden richtigen volkswirtschaftlichen Gesichtspunkte, z. B. aus wehrtechnischen Gründen mit einem ganz anderen Wirtschaftlichkeitsstandpunkt, in den Hintergrund treten dürfen.

Bei der Betrachtung der Erzeugungskosten ist aufmerksam darüber zu wachen, daß nicht kleinliche abteilungsmäßige Standpunkte bestimmenden Einfluß gewinnen. Es könnte durchaus sein, daß ein Erzeugnis unter dem Druck der Beschaffungsstelle zwar in der Anschaffung billig wird, daß aber im Betrieb z. B. durch hohen Ölverbrauch oder besondere Kühlung infolge zu weit getriebener Ausnutzung oder durch geringe Gebrauchsdauer zusätzliche Aufwendungen nötig werden, welche die Ersparnisse bei der Herstellung übersteigen. Die volkswirtschaftlich richtige Rechenformel lautet daher: Die Gesamtkosten aus Anschaffung und Betrieb müssen einen Mindestwert erreichen.

X. Die methodische Prüfung konstruktiver Lösungen

Haben sich im Laufe der konstruktiven Arbeit für ein Erzeugnis oder Konstruktionselement mehrere Lösungen ergeben, dann muß sorgfältig abgewogen werden, welche Lösung die beste ist. Nicht selten wird aber auch der Fall eintreten, daß alle neben einer bestimmten Lösungsidee auftretenden anderen Lösungsmöglichkeiten unbewußt schon so gering bewertet wurden, daß sie gar nicht mehr ins Bewußtsein treten, was meist dadurch verursacht wird, daß die Zeit für die Fertigstellung der Konstruktion so knapp ist, daß an die Verfolgung mehrerer Lösungsmöglichkeiten nicht gedacht werden darf.

Im allgemeinen wird jede Gesamtlösung verschiedene Teilaufgaben verschieden gut lösen, so daß eine Gesamtbewertung ohne sehr große Erfahrung nur dann richtig sein wird, wenn sie statt im gefühlsmäßigen Bezirk, im Bereich des bewußten Denkens gewonnen wurde. Selbst dann werden der Bewertung, als auf Schätzungsgrundlage entstanden, noch viele Unsicherheitsfaktoren anhaften.

Gegenüber der vielfach geübten $\pm$ Bewertung der Teillösungen[1]) — zu welcher früher auch der Verfasser neigte, weil damit den einzelnen Größen nicht wie durch Zahlen objektive Meßwerte zugeordnet werden, was gerade für den weniger Erfahrenen oftmals schwierig ist, sondern weil damit nur Richtungen oder Tendenzen, also ganz grobe Wertungen ausgedrückt werden — hat sich doch die Bewertung durch Relativzahlen als zweckmäßig erwiesen, sobald aus den mehreren Teilbewertungen einer Lösung eine einzige Gesamtgüteziffer gebildet werden muß. Die Bildung einer solchen Gesamtgüteziffer wird um so schwieriger, je näher die Relativbewertungen der einzelnen Teillösungen einander kommen und je mehr Teil-

---

[1]) Der Verfasser ist auf diese Bewertungsmethode erstmalig von Prof. Dr.-Ing. Otto Kienzle (TH-Berlin) im Jahre 1938 hingewiesen worden.

lösungen gleichzeitig zu betrachten sind. Es wird im folgenden bewertet mit der

Note 1: Erfüllung der Teilaufgabe ist tragbar, im Vergleich zur praktisch bestmöglichen Lösung,

Note 2: Erfüllung der Teilaufgabe ist gut, im Vergleich zur praktisch bestmöglichen Lösung,

Note 3: Erfüllung der Teilaufgabe ist sehr gut. Sie stellt die praktisch bestmögliche Teillösung dar.

Die Note 3 erhält also jene Teillösung, welche unter sämtlichen Variationsmöglichkeiten der Lösungen dieser Teilaufgabe die beste Lösung derselben bildet. Die anderen Lösungsmöglichkeiten dieser Teilaufgabe werden in ihrer Bewertung auf diese Lösung bezogen.

Nr.	B_{Art}	W	G	Gr	Kl	S	H	T	K	Güte
B_1	Al 99 Blech	2	1	2	2	1	1	3	2	14
B_2	SpG Al − Si	3	2	1	2	1	3	1	3	16
B_3	SpG Mg − Al9	2	2	2	1	1	3	1	3	14
B_4	SpG Zn − Al	1	2	u	1	3	3	1	3	u (14)
B_5	St VI 23 Blech	3	3	2	2	3	2	3	2	20
B_6	VMC 140 Blech	3	3	3	3	u	2	2	2	u (18)
B_7	PrSt − Typ T2	1	2	2	2	2	3	1	3	16

Tafel VII. Gehäusekappe für Flugzeugbordgerät ($x = 5000$). Bewertungsplan

Die Note »u« erhalten jene Teillösungen, welche die Gesamtlösung unbrauchbar machen. Die Quersumme einer solchen Lösung erhält dann auch die Güteziffer »u«. Auch bei diesen Lösungen — Gesamtgüteziffer »u« — ist es aber wertvoll, alle Teilnoten in den Bewertungsplan mit einzutragen, weil sie die Vergleichsmöglichkeiten für die Benotung der anderen Lösungen erhöhen und damit diese zu höherer Beurteilungssicherheit führen.

Zur praktischen Durchführung der Bewertung der Lösungen wird eine Tafel aufgeschrieben (Bewertungsplan), welche am linken Rand (Beispiel Tafel VII) die veränderliche, durch die Untersuchung zu bestimmende Größe ⓦ oder ⓖ oder

Ⓑ oder Ⓗ aufführt und an derem rechten Rand als Bilanz
die Güteziffer erscheint. Ehe die Güteziffern als Summe der
horizontalen Spalten wirklich gebildet werden, ist es notwendig,

Nr.	G Art	W	B	Gr	H	Kl	In	Wa	Güte
G_1	Einteilig	2	3*)	2	3	3	0	3	16
G_2	Zweiteilig	3	2	3	2	3	3	3	19

*) PrSt – T2

Tafel VIII. Winkelhebel.
Bewertungsplan G.

die Bewertungsziffern der vertikalen Spalten objektiv — also
ohne Erwägung ihres Einflusses auf die Quersumme — mehr-
mals streng gegeneinander abzugleichen[1]).

Im Beispiel der Tafel VII wurde die Ermittlung des günstigsten Baustoffes für eine Gehäusekappe von etwa $1/_8$ cbm
umbauten Raum durchgeführt. Bisher bestand die Abdeck-
kappe aus Aluminiumblech. Verhältnismäßig einfach ergibt
sich, daß unlegiertes Stahlblech eindeutig überlegen ist; erst
in zweiter Linie kommen Aluminiumspritzguß oder Kunst-
harzpreßstoffe in Betracht. Wenn die Stoffbeschaffungslage
durch die hochwertigen Legierungsbestandteile nicht so ungünstig wäre, könnte leicht auch legiertes Stahlblech in die
vorderste Front treten.

Nr.	H Art	G	Gr	Ü	F	M	V	L	P	T	K	Güte
H_1	Einteilig	2	3	3	2	1*)	1	3	3	1	3	22
H_2	Zweiteilig	3	3	2	3	3	3	3	3	3	2	28

*) Annahme

Tafel IX. Winkelhebel.
Bewertungsplan H.

Als weiteres Beispiel kann eine bewertete Ermittlung der
zweckmäßigsten Ausführung des Winkelhebels (Bild 43) durchgeführt werden. Zunächst wäre für jede der beiden Gestaltlösungen G_1 und G_2 jeweils der optimale Baustoff aufzufinden.
Zur endgültigen Bestimmung ist dann zwischen den beiden

---

[1]) Gerade diese vergleichende Tätigkeit ist von höchster Bedeutung für die rasche Ausbildung eines sicheren Urteils des noch
weniger erfahrenen konstruktiv Tätigen.

Gestaltlösungen selbst zu entscheiden, etwa entsprechend Tafel
VIII. Die Unterlegenheit der Kunstharzpreßstoffausführung
gegenüber der Stahlblechausführung ist danach nicht sehr bedeutend. Es ist daher zweckmäßig, noch ein weiteres, schärferes
Kriterium aufzusuchen. Im Falle des vorliegenden Beispieles
könnte ein solches durch die Bewertung der Herstellung geliefert werden (Tafel IX). Bei der Durchführung des Vergleiches
erscheint tatsächlich der zweiteilige Hebel aus Stahlblech mit
Messingbuchse um 30% (Relativbewertung) überlegen. Damit
kann die Entscheidung mit Sicherheit zugunsten dieser Ausführung gefällt werden.

Dieses Bewertungsverfahren wird nicht für alle Konstruktionselemente — für die gut bekannten »selbstverständlichen« Elemente genügt bei einem ausgebildeten Gefühl für
die Grenzen des »Selbstverständlichen« die unbewußte, gefühls-
mäßige Bewertung —, sondern nur in den schwierigen, zweifel-
haften Fällen bewußt durchgeführt werden müssen. Mit seiner
Hilfe können dann verantwortliche Entscheidungen getroffen
werden. Es ist dies allerdings oft nicht leicht (wie spätere
Beispiele noch zeigen werden), da häufig zwei und mehr Lösungen für die gewählten, in Betracht gezogenen Teilaufgaben
annähernd die gleiche oder sogar genau die gleiche Güteziffer erhalten. Dann werden zur Beurteilung weitere Gesichtspunkte herangezogen werden müssen; im äußersten Fall
darf auch das logisch nicht faßbare technisch-ästhetische
Gefühl des Konstrukteurs zu Worte kommen. Der Vorteil der
strengen, bewußten Wertung einer rein oder vorwiegend gefühlsmäßigen Bewertung gegenüber bleibt aber immer bestehen;
man kann stets jenen mit Beweisen gegenübertreten, welche
eine von den längst erwogenen, aber begründet verworfenen
Lösungen als besser vorschlagen. Wenn Bewertungspläne nicht
existieren, dann kann der Konstrukteur einige Zeit nach
Abschluß der konstruktiven Arbeit leicht in Verlegenheit
gebracht werden, wenn man ihn fragt, warum er denn nicht
diese andere Lösung angenommen hat. Er wird die verschiedenen Einzelheiten der Überlegungen, welche zur Entscheidung
zu ungunsten dieser Lösung führten, zu diesem Zeitpunkt
sicher bereits vergessen haben. Ein Bewertungsplan bei
den Akten hält die Gründe für die Entscheidung fest und
sichert beide Seiten gegen ungerechtfertigte Vorwürfe, die leicht

die Arbeit beeinträchtigen könnten. Von unschätzbarem Wert
werden aber solche Unterlagen, wenn konstruktive Entwicklungsarbeiten, die unterbrochen werden mußten, nach
längerer Zeit wieder aufgenommen werden und oft andere Konstrukteure die Arbeit weiterzuführen haben als jene, die sie
begonnen haben. Unendlich viel bereits geleistete wertvolle Arbeit kann durch diese erklärenden Unterlagen gerettet werden.

Wenn die methodische Prüfung während des Konstruierens, in einer Bewertung der einzelnen Lösungsmöglichkeiten
zu sehen, wirklich vorgenommen ist, dann dürften theoretisch
eigentlich keine Fehler mehr in der Konstruktion enthalten
sein. Der menschliche Geist ist aber unvollkommen. Er kann
nicht größere Zusammenhänge sehen und dabei gleichzeitig
auch sämtliche Einzelheiten im Auge behalten. So erklärt es
sich, daß selbst der sicherste und erfahrenste Konstruktionsingenieur in seinen eigenen Zeichnungen immer wieder Fehler
findet, über die er sich selbst maßlos ärgert. Diese Fehler
bekommt allerdings kein anderer Mensch zu sehen, da er durch
die bewußte Zeichnungskontrolle, welche der erfahrene Konstruktionsingenieur selbst durchführt, ehe er die Zeichnungen
aus der Hand gibt, mit Sicherheit diese Fehler zutage fördert
und damit wirkungslos macht. Die methodische Prüfung der
fertigen Konstruktion an Hand des Zeichnungssatzes ist mithin
eine Maßnahme, der praktisch kein konstruktiv Arbeitender
ausweichen darf. Sie betrifft weniger eine vergleichende Kritik
der Lösungen, als eine letzte Kontrolle auf die Erfüllung aller
Teilaufgaben überhaupt.

Bei dieser Kontrolle der fertigen Konstruktion sind natur-
gemäß schon viele Gesichtspunkte zu beachten, welche einzelnen Fachgebieten der mechanischen Technik allein eigen-
tümlich und bei vielen anderen Gebieten völlig bedeutungslos
sein werden. Dennoch ist eine Aufstellung allgemeiner Fragen,
welche auch ein Vorgesetzter bei der Zeichnungskontrolle stellen
würde, nicht wertlos. Zum Teil sind diese Fragen doch allgemein gültig, zum anderen Teil weisen sie die Richtungen
auf, in welchen die speziellen fachgebundenen Fragen gestellt
werden müssen. Eine Auswahl aus den notwendigerweise zu
stellenden Fragen bietet die folgende Tafel X:

Tafel X. Konstruktionskontrolle.

I. Betriebsaufgaben.

Wi_1 Welche Wirkung wird vom Gesamterzeugnis verlangt?

Wi_2 Welche Wirkung hat das Konstruktionselement auszuüben?

Wi_3 Wird die verlangte Wirkung durch die Konstruktion sicher erreicht?

Wi_4 Sind alle an dem Konstruktionselement auftretenden Kräfte und Momente bekannt?

Wi_5 Unter welchen vereinfachenden Annahmen sind die maßgebenden Kräfte und Momente ermittelt?

Wi_6 Welches ist die maßgebende Beanspruchung? Biegung, Drehung usw.

Wi_7 Wurde die Größe der maßgebenden Beanspruchung errechnet (Genauigkeitsgrad unter Berücksichtigung von Wi_5) oder wurde sie geschätzt?

Wi_8 Können an dem Konstruktionselement Kerbwirkungen auftreten?

Wi_9 Sind die elastischen und plastischen Verformungsmöglichkeiten der Konstruktionselemente beachtet?

Wi_{10} Können bei den Bewegungen des Konstruktionselementes Massenwirkungen auftreten, welche zu erhöhten Beanspruchungen führen?

Wi_{11} Können Stöße auftreten?

Wi_{12} Reicht die Schlagbiegefestigkeit des Baustoffes aus? (Stoßmassenwirkungen beachten!)

Wi_{13} Sind bei Schwingungsfedern die Federkennlinien und die -ausschläge beachtet worden?

Wi_{14} Ist bei bewegten Konstruktionselementen für Schmierung Vorsorge getroffen?

Wi_{15} Können Temperatureinflüsse die Wirkung beeinträchtigen durch die Verschiedenheit der Ausdehnungskoeffizienten zweier zusammengebauter Konstruktionselemente?

Wi_{16} Können Temperatureinflüsse die vorgesehenen Passungen so wesentlich verändern, daß die Wirkung in Frage gestellt wird?

Me_1 Treten in dem Erzeugnis bei Ausübung der Wirkung Schläge oder Erschütterungen auf, welche benachbarte Konstruktionselemente des gleichen Erzeugnisses stören können?

Me_2 Treten in dem Erzeugnis Schläge oder dauernde Erschütterungen auf, welche sich nach außen fortpflanzen und die Umgebung stören könnten?

Me_3 Treten am Verwendungsort des Erzeugnisses Schläge oder Schwingungen auf, gegen welche das Erzeugnis durch Federungen geschützt werden muß?

Me_4 Ist bei federnden Lagerungen die Resonanzfrequenz bestimmt?

Kl_1 Innerhalb welches Temperaturbereiches soll das Erzeugnis betriebssicher arbeiten?

Kl_2 Ist die Änderung der Schmiermittelviskosität mit der Temperatur beachtet?

Kl_3 Ist der Einfluß der Temperatur auf die Baustoffestigkeit beachtet worden?

Kl_4 Ist der Einfluß der Luftfeuchtigkeit auf hygroskopische Baustoffe beachtet worden?

Kl_5 Werden die Erzeugnisse an Orten eingesetzt, wo Wasser-, Säure-, Laugen- oder Salzlösungen mit einzelnen Konstruktionselementen oder dem ganzen Erzeugnis in Berührung kommen können?

Kl_6 Sind die eingesetzten Baustoffe gegen die maßgebende Korrosionsbeanspruchung genügend widerstandsfähig?

Kl_7 Sind Kontaktkorrosionen zwischen verschiedenen Metallen oder Kunststoffen und Metallen vermieden?

Kl_8 Werden in dem Erzeugnis reaktionsfähige Stoffe oder Energien erzeugt, welche in der Umgebung Schaden anrichten können? (Ozon, UV-Strahlen.)

Kl_9 Wird in dem Erzeugnis durch Energieumsetzung Wärme entwickelt?

Kl_{10} Ist für die Abfuhr der in dem Erzeugnis entwickelten Wärme genügend vorgesorgt?

Kl_{11} Treten in dem Erzeugnis Funken auf oder können einzelne Konstruktionselemente glühend werden? (Kann hierdurch für die Umgebung Gefahr auftreten?)

Gr_1 Gehört das Konstruktionselement zu einem ortsfesten oder zu einem fahrbaren oder tragbaren Erzeugnis?

Gr_2 Ist bei transportablen Geräten der Leichtbau bis an die mögliche Grenze getrieben?

Gr_3 Ist bei tragbaren Geräten die Tragfähigkeit des Trägers berücksichtigt?

Gr_4 Ist bei tragbaren Geräten eine solche Form gefunden worden, daß sie bequem tragbar sind?

Gr_5 Ist bei schweren Erzeugnissen die Tragfähigkeit des späteren Aufstellungsortes berücksichtigt?

Gr_6 Ist berücksichtigt, daß das Erzeugnis an einem bestimmten Ort eingebaut werden soll und daher bestimmten räumlichen Bedingungen zu entsprechen hat?

Gr_7 Ist berücksichtigt, daß das Erzeugnis durch Türen usw. hindurchgebracht werden muß, um zum eigentlichen Aufstellort zu gelangen?

Gr_8 Ist gewährleistet, daß die Fensteröffnungen genügend Sicht bieten?

Gr_9 Ist gewährleistet, daß Sitze usw. genügend bequem sind?

9*

Bs_1 Welche Anforderungen werden bezüglich der Betriebssicherheit gestellt?

Bs_2 Von welchem Konstruktionselement hängt die Betriebssicherheit des Gesamterzeugnisses unter normalen Betriebsverhältnissen ab?

Bs_3 Welche nicht normalen aber möglichen Betriebsverhältnisse
— abgesehen von völliger Zerstörung durch Außeneinwirkung —
können den Betrieb gefährden?

Bs_4 Ist die Betriebssicherheit unter den zu erwartenden Betriebs-
umständen gewährleistet?

Bs_5 Sind die Schwachstellen durch Betriebsanleitung gekennzeichnet, so daß sie besonders beachtet werden können?

Ge_1 Kann eine mindeste und mittlere gewünschte Gebrauchsdauer
angegeben werden?

Ge_2 Wovon hängt die Gebrauchsdauer bei normalen Betriebsverhältnissen ab (Verschleiß, Korrosion, Behandlung)?

Ge_3 Welche Konstruktionselemente lassen die kürzeste Gebrauchsdauer erwarten?

Ge_4 Sind die Konstruktionselemente mit ungenügender Gebrauchsdauer leicht austauschbar?

Ge_5 Könnte das Erzeugnis als Ganzes im Hinblick auf Wirkung
und Wirkungsweise technisch leicht veralten?

Ge_6 Sind dann die Konstruktionselemente nicht zu dauerhaft konstruiert?

Ge_7 Muß die geforderte Gebrauchsdauer durch Einsatz von Sparstoffen erkauft werden?

Ge_8 Wie sinkt die Gebrauchsdauer, wenn die Sparstoffe vermieden
werden?

Ge_9 Hängt die tatsächliche im Betrieb auftretende Gebrauchsdauer
von der Betriebsfähigkeit des Erzeugnisses oder von der
Gebrauchsdauer anderer übergeordneter Erzeugnisse ab?
(Flugzeuggeräte in Flugzeugen.)

En_1 Welche Energieformen kommen in dem Erzeugnis zur
Wirkung?

En_2 An welchen Stellen treten Energieverluste auf?

En_3 Wie wirken sich die Energieverluste aus?

En_4 Wodurch können diese Verluste vermindert werden?

En_5 Wie groß ist der Verbrauch an Schmieröl, Kühlöl, Kühlluft
usw.?

En_6 Wie groß ist der Energieverbrauch, der zur Verlustwärme-
abfuhr aufzuwenden ist?

En_7 Könnte durch Anwendung anderer Baustoffe der Wirkungsgrad gesteigert werden? (Leichtbau)

En_8 Könnte durch Heranziehung anderer Herstellverfahren der
Wirkungsgrad erhöht werden? (Leichtbau)

En_9 Sind die vorgesehenen Antriebsenergiequellen (Strom, Druckluft, Wasser usw.) für das Erzeugnis am Betriebsort vorhanden?

En_{10} Reichen die vorhandenen Anschlußleistungen aus?

En_{11} Handelt es sich um Kurzzeitbetrieb mit zulässiger hoher Überlastung oder um Dauerbetrieb?

Ha_1 Welche Konstruktionselemente — Handräder, Griffe, Druckknöpfe — müssen betriebsmäßig betätigt werden?

Ha_2 Sind diese Konstruktionselemente bequem zu fassen und zu bewegen?

Ha_3 Welche Bewegungswiderstände treten bei Betätigung auf?

Ha_4 Sind diese Widerstände der Hand der hauptsächlich Betätigenden angepaßt?

Ha_5 Sind die vorgesehenen Raststellungen weder zu weich noch zu streng?

Ha_6 Arbeiten die Einstellgetriebe spielfrei?

Ha_7 Lassen sich bei skalenmäßiger Einstellung die Zahlenwerte genügend genau und bequem ablesen?

Ha_8 Sind die Betätigungskonstruktionselemente in ihrer Gestalt der »Faust« (Kraft und Größe) des Betätigenden angepaßt?

Ha_9 Sind die Betätigungskonstruktionselemente leicht zugänglich?

Ha_{10} Stören keine benachbarten Kanten, Ecken usw.?

Ha_{11} Ist bei tragbaren Erzeugnissen durch »Handlichkeit« die Gefahr des häufigen Fallenlassens verhindert?

Ha_{12} Ist bedacht, daß die Erzeugnisse bei ihrer Aufstellung vorübergehend gehandhabt werden müssen und dabei einzelne Konstruktionselemente gefährdet sein können?

Ha_{13} Ist bedacht, daß mit der Betätigung weniger vertraute, aushilfsweise eingesetzte Personen Einstellorgane überbeanspruchen können?

Ha_{14} Ist berücksichtigt, daß durch unsachgemäße Betätigung (bei Maschinen usw.) Überbelastungen, Durchgehen usw. auftreten kann?

Ha_{15} Ist bei Werkzeugmaschinen berücksichtigt, daß sie bei richtiger Betätigung für den Handhabenden keine Gefährdung darstellen dürfen?

Ha_{16} Ist bei Werkzeugmaschinen, wie Pressen usw., dafür gesorgt, daß falsche Betätigung unmöglich ist?

Ha_{17} Ist bei Baustoff und Gestalt der im Freien zu betätigenden Konstruktionselemente berücksichtigt, daß sie bei Sonneneinstrahlung sehr heiß werden können oder bei Kälte mit dicken Handschuhen angefaßt werden müssen?

Wa_1 Welche Konstruktionselemente bedürfen der Wartung?

Wa_2 Welche Konstruktionselemente erfordern Schmierung?

Wa_3 Sind die Schmierstellen leicht zugänglich?

Wa_4 Ist die automatische Schmieranlage wirklich zuverlässig?

Wa_5 Welche Teile müssen betriebsmäßig gereinigt werden?

Wa_6 Sind diese Konstruktionselemente leicht zugänglich?

Wa_7 Wo könnten sich im Betrieb Schrauben losschütteln?

Wa_8 Können diese ohne Abbau anderer Konstruktionselemente nachgezogen werden?

Wa_9 Wo sind Dichtungsschrauben nachzustellen?

Wa_{10} Welche Teile müssen wegen hohen Verschleißes öfter ausgewechselt werden?

Wa_{11} Sind diese Teile in allen vorkommenden Betriebsfällen (Einbau in andere Erzeugnisse oder Räume beachten!) leicht zugänglich?

Wa_{12} Ist die richtige Wartung durch eine klare Wartungsanweisung dem Personal erleichtert worden?

In_1 Welche Schäden führen bei normalem Betrieb zu Instandsetzungsarbeiten?

In_2 Sollen diese Instandsetzungsarbeiten vom Benutzer, welcher herstellmäßig nicht geschult ist, vorgenommen werden? Welche Hilfsmittel benötigt er dazu?

In_3 Soll die Wiederinstandsetzung durch Nacharbeit und Ausbesserung der unbrauchbar gewordenen Teile erfolgen oder ist ein Ersatzteilverfahren vorgesehen?

In_4 Wird die Instandsetzung im ursprünglichen Herstellbetrieb oder in besonderen Instandsetzungswerkstätten des Verbrauchers vorgenommen?

In_5 Ist beachtet, daß die voraussichtlich öfter instand zu setzenden Konstruktionselemente oder Gruppen rasch und ohne große Sondererfahrung ausgebaut werden können?

Lf_1 Welche Konstruktionselemente führen Bewegungen aus, welche zu Geräuschbildung Anlaß geben können?

Lf_2 Ist es bei störender Lautstärke der erzeugten Geräusche nicht möglich, durch andere Wirkungsweise die gleiche Wirkung zu erzielen?

Lf_3 Sind freie schlagartige, Bewegungen nicht durch gesteuerte zwangläufige Bewegungen zu ersetzen?

Lf_4 Kann die Geräuschbildung nicht durch Einsatz anderer Baustoffe wesentlich vermindert werden?

Lf_5 Kann die Geräuschübertragung von nicht beseitigbaren Störquellen durch bauliche Maßnahmen, wie isolierte Verbindung mit der Grundplatte, vermieden werden?

Lf_6 Ist Verhinderung der Schallabstrahlung durch Kapselung möglich?

Lf_7 Können für die Konstruktionselemente, welche Schallquellen darstellen, nicht schalldämmende Baustoffe angewandt werden?

Lf_8 Können schallabstrahlende Flächen nicht durch Verkleinerung oder durch Belegen mit Masse in der Schallwirkung geschwächt werden? (Verlagerung der Störfrequenz.)

Lf_9 Kann durch erhöhte Herstellgenauigkeit die Schallbildung vermindert werden?

Lt_1 Ist berücksichtigt, daß in dem Gerät zeichnerisch nicht festgelegte Schaltverbindungen ausgeführt werden müssen?

Lt_2 Ist berücksichtigt, daß an dem Erzeugnis am Verwendungsort Kabel oder Rohrleitungen angeschlossen werden müssen? Sind diese Anschlüsse überhaupt herstellbar?

Lt_3 Ist bei beweglichen Handgeräten, an welche Kabel, Schläuche usw. angeschlossen werden, beachtet, daß diese flexiblen Leitungen nicht zu steif und lang genug sind, um die vorgesehenen Bewegungen zu ermöglichen?

Lt_4 Sind die Anschlüsse für Kühlwasserleitungen, Druckleitungen oder die elektrischen Anschlüsse mit Rücksicht auf die Lage des Gegenanschlußstückes zweckmäßig?

Lt_5 Ist beachtet, daß durch Leitungen, welche Heißwasser, Dampf oder Kälteträger führen, auf benachbarte Konstruktionselemente Einflüsse ausgeübt werden können?

Lt_6 Ist berücksichtigt, daß durch elektrische Verbindungsleitungen außerhalb oder innerhalb des Erzeugnisses Felder erzeugt werden, welche magnetische Wirkungen ausüben, Spannungen induzieren, Wirbelströme hervorrufen?

Vs_1 Ist bei größeren Erzeugnissen klargestellt, auf welche Weise sie an den Bestimmungsort gebracht werden sollen?

Vs_2 Sind Ladefähigkeit und Lichtraumprofil der Güterwagen, Lastkraftwagen, Spezialwagen berücksichtigt?

Vs_3 Ist bei empfindlichen Feingeräten berücksichtigt, daß sie auf dem Transport starken Erschütterungen ausgesetzt sein können?

Vo_1 Sind die VDE-Vorschriften beachtet worden?

Vo_2 Sind die baupolizeilichen und feuerpolizeilichen Vorschriften beachtet worden?

Vo_3 Sind die besonderen Konstruktionsrichtlinien der Wehrmacht usw. in allen Punkten erfüllt?

Vw_1 Welche Teilerzeugnisse sind handelsüblich und können fertig bezogen werden?

Vw_2 Welche Teilerzeugnisse sind mit geringen Abweichungen von den geforderten Eigenschaften handelsüblich und könnten bei Inkaufnahme dieser Abweichungen verwendet werden?

Vw_3 Warum müssen an Stelle handelsüblicher Erzeugnisse unbedingt eigene Konstruktionen festgelegt werden?

Au_1 Ist bei Außenflächen des Gehäuses auf ruhige, klare, ge-
schlossene Flächen geachtet worden?

Au_2 Ist — in Friedenszeiten — darauf Rücksicht genommen, wo
das Erzeugnis verwendet wird und daß es sich als Teil in
einen Gesamtrahmen ästhetisch einzufügen hat?

Au_3 Ist bei Wehrmachtserzeugnissen darauf geachtet, daß stark
reflektierende Flächen und auffällige Farben vermieden sind?

Sr_1 Ist geprüft worden, ob die neue Konstruktion schutzfähige
Ideen enthält?

Sr_2 Ist geprüft worden, ob mit der Konstruktion keine vorhandenen Schutzrechte verletzt werden?

Bk_1 Wodurch werden die Betriebskosten bestimmt?

Bk_2 Sind die Betriebskosten, sofern diese durch Menschenaufwand
bestimmt werden, durch Automatisierung der Funktion zu
senken?

Bk_3 Welchen Arbeitsaufwand würde die Entwicklung und Herstellung einer automatisch arbeitenden Konstruktion erfordern?

II. Verwirklichungsaufgaben.

G_1 Welche ist die Grundform des Konstruktionselementes, welche
dieses mit Rücksicht auf seine Wirkung besitzen muß?

G_2 Wodurch sind die Abweichungen von der Grundform bedingt?

G_3 Ist bei der Festlegung der Gestalt auf den Baustoff Rücksicht
genommen?

G_4 Eignet sich der vorgesehene Baustoff überhaupt für die geplante Gestalt?

G_5 Sind bei der Festlegung der Gestalt alle Erfordernisse der
Herstellung beachtet? (Stückzahl!)

G_6 Kommen ähnliche Konstruktionselemente nicht bereits in den
DIN-Normen, Wehrmacht-Normen oder Werks-Normen vor?

G_7 Können nicht einzelne Konstruktionselemente aus bereits vorhandenen Konstruktionen übernommen werden, um Zeichenarbeit und Arbeitsvorbereitung (Werkzeuge!) zu sparen?

B_1 Verbürgt der Baustoff festigkeitsmäßig die Anforderungen der
Wirkungsweise?

B_2 Läßt sich der Baustoff überhaupt in die notwendige Gestalt
bringen?

B_3 Lassen sich mit dem Baustoff die erforderlichen sauberen Ober-
flächen und Passungen (Maßbeständigkeit!) erzielen?

B_4 Verbürgt der gewählte Baustoff die Anforderungen an das
Gewicht der Konstruktion?

B_5 Wird der Baustoff den klimatischen Anforderungen in bezug auf Korrosion standhalten können?

B_6 Lassen sich auf dem Baustoff geeignete Überzugstoffe aufbringen?

B_7 Sind keine Kontaktkorrosionen mit den Baustoffen und Überzugsstoffen anschließender Konstruktionselemente zu befürchten?

B_8 Ist bei der Auswahl des Baustoffes darauf geachtet worden, daß das Konstruktionselement mit dem geringsten Arbeitsaufwand herstellbar sein muß?

B_9 Ist darauf Rücksicht genommen, daß der Baustoff rasch genug beschafft werden kann?

B_{10} Welche Baustoffe können gegebenenfalls außerdem Anwendung finden und wären leichter beschaffbar?

B_{11} Sind die Baustoff-Normen (DIN, Wehrmacht, Werk) beachtet?

B_{12} Ist die Normbezeichnung auf Zeichnung und Stücklisten richtig?

B_{13} Ist bei nichtgenormtem Baustoff geprüft worden, welche Legierung oder sonstige Zusammensetzung sich hinter der Fantasiebezeichnung des Lieferanten verbirgt?

B_{14} Sind die Kosten berücksichtigt worden, mit welchen der Baustoff in die Kalkulation eingeht?

$Ü_1$ Gegen welche Korrosionseinflüsse soll der gewählte Überzugstoff Schutz bieten?

$Ü_2$ Ist bei der Festlegung der Gestalt Rücksicht darauf genommen, daß sich die Überzugschicht auf der ganzen zu schützenden Oberfläche in gleichmäßig ausreichender Stärke aufbringen läßt?

$Ü_3$ Ist Art und Stärke der Überzugschicht richtig vorgeschrieben worden?

$Ü_4$ Läßt sich der geplante Überzugstoff mit Rücksicht auf den vorgesehenen Baustoff aufbringen?

$Ü_5$ Läßt sich der Überzugstoff mit der notwendigen Dichtigkeit aufbringen oder sind Poren nicht zu vermeiden, welche zu einer Korrosion unter der Überzugschicht führen können?

$Ü_6$ Müssen diese Poren durch besondere Maßnahmen, die vorzuschreiben sind, gedichtet werden?

$Ü_7$ Ist der vorgesehene Überzugstoff in ähnlichen Fällen bereits erprobt worden?

S_1 Sind die Anordnungen der Reichsstelle für Metalle beachtet?

S_2 Sind die Anordnungen der Reichsstelle für Eisen und Stahl beachtet?

S_3 Sind die Anordnungen der Reichsstellen für Kautschuk und Asbest, für Leder, für Öle und Fette, für Edelmetalle beachtet?

S_4 Sind die Umstellvorschläge beachtet, welche von den einzelnen Wirtschaftsgruppen und Fachgruppen deren Mitgliedsfirmen zugänglich gemacht wurden?

S_5 Sind die Erfahrungen mit Umstellstoffen berücksichtigt, welche das Fachschrifttum vermittelt?

E_1 Entspricht das Einzelteilherstellverfahren der vorgesehenen Stückzahl?

E_2 Entspricht das Einzelteilherstellverfahren dem gewählten aus Wirkungsgründen notwendigen Baustoff?

E_3 Ist bei der Wahl des Herstellverfahrens berücksichtigt worden, ob die nötigen Maschinen vorhanden sind bzw. diese Maschinen frei gemacht werden können?

E_4 Ist geprüft, ob das gewählte Herstellverfahren mit Rücksicht auf die Anfertigung neuer Schneide-, Biege-, Spritz-, Zieh- oder Preßwerkzeuge überhaupt termingerecht eingesetzt werden kann?

E_5 Ist geprüft, ob in den Zeichnungen alle Maße enthalten sind, welche die Werkstatt zur Herstellung benötigt?

E_6 Ist geprüft, daß in den Zeichnungen keine Kettenmaße auftreten und gleichzeitig ein Gesamtmaß eingetragen ist?

E_7 Ist geprüft, ob in verschiedenen Zeichnungen die gleichen Maße nicht zweimal eingetragen sind?

E_8 Ist geprüft, ob die nötigen Bearbeitungszeichen eingetragen sind?

E_9 Ist geprüft, ob die Abstände der Lochungen von den Kanten groß genug sind?

E_{10} Ist geprüft, ob die Lochernadeln haltbare Abmessungen haben?

E_{11} Ist geprüft, ob Biegelappen nicht zu kurz ansetzen?

E_{12} Ist geprüft, ob bei Guß- und Preßteilen die Aushebeschrägen richtig eingetragen sind?

E_{13} Ist geprüft, ob die Wandstärken bei Guß- und Preßteilen richtig angenommen sind?

E_{14} Lassen sich bei Ziehteilen die Tiefen und die vorgesehenen Abrundungshalbmesser in wenigen Arbeitsgängen erreichen?

E_{15} Sind bei Metallkaltspritzteilen am Boden die schrägen Verteilungsflächen und genügende Abrundungshalbmesser vorgesehen?

E_{16} Ist bei Spritzgußteilen auf möglichst gleichbleibende Wandstärke geachtet?

E_{17} Ist bei Spritzgußteilen die geringste Wandstärke der gewählten Legierung und der Wandhöhe entsprechend eingetragen?

E_{18} Ist bei Spritzgußteilen darauf geachtet, daß seitlich zur Formschlußrichtung auszuhebende Kerne oder Schieber zu teueren Formen und hohen Arbeitszeiten führen?

E_{19} Ist bei Kokillen- und Sandgußteilen darauf geachtet, daß Hohlkörper mit Einlegekernen möglichst vermieden werden müssen?

E_{20} Sind bei Kokillen- und Sandgußteilen an allen Zusammenbaustellen Bearbeitungsflächen vorgesehen?

E_{21} Ist bei Kunstharzpreßstoffteilen auf gleichmäßige Wandstärke geachtet?

E_{22} Ist bei Kunstharzpreßstoffteilen darauf geachtet, daß geringe Wandstärken schneller durchhärten?

E_{23} Sind bei topfartigen Konstruktionselementen aus Kunstharzpreßstoffen die Topfhöhen überhaupt erreichbar?

E_{24} Können bei Konstruktionselementen aus Kunstharzpreßstoffen anstatt der Einpreßteile nicht Einlegeteile verwendet werden, welche nachträglich zugefügt werden?

E_{25} Ist bei dünnen Einpreßteilen, wie Drähten usw., statt Pressen richtigerweise Kunstharzpreßstoff-Spritzen vorgeschrieben?

E_{26} Ist bei Gesenkschmiedeteilen auch auf die Beanspruchung des Gesenkes und dessen Gebrauchsdauer geachtet worden?

E_{27} Ist bei gedrückten Teilen beachtet, daß bei den Wandstärken größere Toleranzen nicht zu vermeiden sind?

E_{28} Ist bei Bohrlöchern darauf gesehen, daß die Durchmesser möglichst gleich sind?

E_{29} Ist bei Bohrlöchern darauf gesehen, daß sie auf sowenig als möglich Seiten des Konstruktionselementes gelegt sind?

E_{30} Sind die teueren Sacklöcher vermieden?

E_{31} Ist bei Drehteilen darauf geachtet, daß sie sich gut spannen lassen?

E_{32} Ist bei Drehteilen darauf geachtet, daß sie nur mit den einfachsten, geraden Meißelformen bearbeitet werden sollen?

E_{33} Ist bei Frästeilen darauf geachtet, daß der Fräser freien Auslauf hat?

E_{34} Ist bei Frästeilen darauf geachtet, daß das Konstruktionselement starr und rasch gespannt werden kann?

Z_1 Sind bei Konstruktionselementen, welche durch Einpressen zu verbinden sind, die richtigen Sitze und Toleranzen angegeben?

Z_2 Ist bei Schweißteilen darauf geachtet, daß sie sich nicht verziehen können?

Z_3 Ist bei Leichtmetallschweißteilen durch Gestalt und Vorschrift in der Zeichnung Gewähr gegeben, daß Korrosionen durch das Flußmittel vermieden werden können?

Z_4 Ist beachtet, daß thermisch ausgehärtete Leichtmetall-Konstruktionselemente keine Schweißung vertragen?

Z_5 Ist beim Löten hochempfindlicher Konstruktionselemente des Feingerätebaues in der Zeichnung vorgeschrieben: »Säurefreies Lot verwenden«?

Z_6 Sind Verschraubungen von Teilen, welche durch Schütteln beansprucht werden können, durch Federringe, Federscheiben, Lack usw. gesichert?

Z_7 Ist berücksichtigt, daß beim Zusammenbau- zwischen Leichtmetall- und Schwermetallteilen Kontaktkorrosionen auftreten können?

Z_8 Ist bei Kitten und Klebemitteln die chemische Inaktivität gegenüber den zu verbindenden Konstruktionselementen sichergestellt?

Z_9 Ist bei Kitten und Klebemitteln die Beständigkeit und Klebekraft sichergestellt?

Z_{10} Stimmen die Eintragungen in den Zeichnungen für die zusammentreffenden Maße verschiedener Konstruktionselemente überein?

Z_{11} Ist in den Zeichnungen geprüft, daß beim Zusammenbau keine Durchdringungen auftreten können?

Z_{12} Ist in den Zeichnungen geprüft, daß nach dem Zusammenbau die Konstruktionselemente auch wirklich alle vorgesehenen Bewegungen durchführen können?

Z_{13} Kann jedes Konstruktionselement mit normalen Werkzeugen eingebaut und abgebaut werden?

Z_{14} Ist genügend Raum für die Betätigung der Zusammenbau-Werkzeuge vorgesehen?

M_1 Können die vorgesehenen Arbeitsgänge in der erforderten Genauigkeit auf den im Werk vorhandenen Maschinen ausgeführt werden?

M_2 Sind für die angegebenen Arbeitsgänge überhaupt die Maschinen vorhanden oder müssen Teile nach auswärts vergeben werden?

M_3 Sind die vorhandenen Maschinen für den vorliegenden Auftrag termingemäß frei zu machen?

M_4 Ist es zweckmäßig, mit Rücksicht auf die Maschinenbesetzung eine andere Herstellart zu wählen, z. B. Spritzgußkonstruktion statt Blechkonstruktion?

P_1 Sind alle Stellen der Konstruktionselemente, wo diese mit anderen Konstruktionselementen zusammengebaut werden, in den Zeichnungen mit Passungen versehen?

P_2 Sind wirklich die gröbsten Passungen gewählt, welche die Wirkung gerade noch verbürgen?

P_3 Welches ist das richtige Passungssystem (Einheitswelle, Einheitsbohrung) für das Konstruktionselement?

P_4 Sind auch bei Gewinden, bei denen es auf Genauigkeit ankommt, die Passungen angegeben?

P_5 Sind auch bei Winkelwerten Toleranzen eingetragen?

P_6 Sind bei Zahnrädern, wo es auf Genauigkeit ankommt, die Zahnstärke, Flankenform usw. toleriert?

P_7 Ist den Flächen, welche mit engen Toleranzen versehen sein müssen, eine solche Form gegeben, daß diese auch wirklich erreicht werden können?

P_8 Ist der vorgeschriebene Baustoff beständig genug, um die Passung dauernd zu verbürgen oder »arbeitet« er stärker, als die zugelassenen Toleranzen betragen?

F_1 Ist die der Passung entsprechende Oberflächengüte vorgeschrieben?

F_2 Ist die mit Rücksicht auf die Wirkung notwendige Feinheit der Oberfläche angegeben?

I_1 Ist die mit Rücksicht auf die Wirkung notwendige Härte vorgeschrieben?

I_2 Ist für das gewählte Härteverfahren der Baustoff geeignet?

I_3 Ist die notwendige Einsatztiefe vorgeschrieben worden?

I_4 Ist das Härteverfahren in der Zeichnung vorgeschrieben, also Durchhärten, Oberflächenhärten, Flammenhärten usw.?

I_5 Sind die notwendigen Härteangaben, Anlaßtemperaturangaben usw. gemacht?

V_1 Ist beachtet, daß zur Fertigung des Konstruktionselementes möglichst wenig Vorrichtungen, wie Bohr-, Fräsvorrichtungen usw. benötigt werden?

V_2 Ist beachtet, daß mit normalen Werkzeugen, Rundschnitten, Zahnfräsern usw., das Auslangen gefunden werden soll?

L_1 Ist beachtet, daß alle wichtigen Maße mit Lehren nachprüfbar sein müssen?

L_2 Ist bedacht, daß die Prüfkosten einen sehr hohen Anteil an den Herstellkosten ausmachen und daher möglichst wenig Maße (Funktionsmaße) toleriert und geprüft werden sollen?

L_3 Kann mit den vorhandenen Normallehren (Lehrdorn, Rachenlehre) ausgekommen werden?

L_4 Sind die genormten Normaldurchmesser vorgeschrieben worden?

L_5 Welchen Prüfungen muß das Teil außer den Maßprüfungen noch unterworfen werden? (Z. B. Isoliereigenschaften, magnetische Eigenschaften.)

T_1 Kann der vorgegebene Termin bei Berücksichtigung des Zeitaufwandes für Konstruktion, Arbeitsvorbereitung und Arbeit selbst eingehalten werden?

D_1 Ist berücksichtigt, daß sämtliche Konstruktionselemente, wenn sie in Gestalt und Baustoff sich einem Normteil nähern, durch ein solches verwirklicht werden müssen?

U_1 Ist berücksichtigt, daß für manche Teile bereits Zeichnungen, Arbeitskarten, Werkzeuge vorhanden sind, so daß es vorteilhafter ist, diese Teile einzusetzen, als neue Konstruktionselemente mit geringen Abweichungen festzulegen?

N_1 Sind die Baustoffnormen in der Zeichnung vollständig eingetragen?

N_2 Hat man sich ein Bild darüber gemacht, was sich hinter den Fantasiebezeichnungen der Hersteller für Legierungen verbergen? (Die Verantwortung auch für unbewußten Sparstoffeinsatz trägt der Konstruktionsingenieur!)

N_3 Sind bei nichtgenormten Stoffen die maßgebenden Eigenschaftswerte auf der Zeichnung vorgeschrieben, so daß sie bei der Eingangsabnahme in der Werkstoffprüfung überwacht werden können?

A_1 Ist darauf Bedacht genommen, daß bei großen Stückzahlen die Abfälle aus Blechschnitten möglichst im gleichen Erzeugnis wieder verwendet werden müssen, um mit bestem Wirkungsgrad ausgenützt zu werden?

A_9 Ist darauf Bedacht genommen, daß durch die Gestalt und die mögliche Anordnung der Schnitte auf den Streifen oder Blechen der Abfall weitgehend beeinflußt wird?

K Ist darauf Bedacht genommen, daß die Kosten der Herstellung ein Maß sind für den Einsatz hochwertiger Arbeitskräfte?

XI. Praktische Beispiele

Der allgemeine Aufgaben- und Lösungsplan ist nicht nur für die schulmäßige Ausbildung des Konstruktionsnachwuchses von großer Bedeutung. Seine Anwendung ist auch in allen jenen praktisch sehr häufig vorkommenden Fällen unerläßlich, wo eine Konstruktion so beschrieben werden soll, daß andere Konstruktionsingenieure sie eindeutig und vollständig verstehen können. Vollständiges Beschreiben einer Konstruktion heißt nicht bloß, deren Einzelteile vollständig aufzählen, sondern Wirkungsweise, Gestalt, Baustoff usw. dieser Einzelteile aus der Wirkung und den übrigen Betriebsaufgaben des Gesamterzeugnisses heraus ableiten. Nur aus dem vollständigen Aufgabenplan läßt sich erkennen, ob eine Konstruktion »richtig« ist oder »falsch«.

Die folgenden Beispiele behandeln konstruktive Probleme, die bei den Maßnahmen zur Einsparung von Sparstoffen und bei der Umstellung von früher üblichen Baustoffen auf neue Baustoffe und Austauschstoffe entstanden sind. Die Beispiele dienen der raschen Erfahrungsübertragung von Betrieb zu Betrieb. Die Form des Fragebogens lehnt sich zwar engstens an das allgemeine Aufgabenschema an, um keine für das Gesamtbild wichtige Frage zu übersehen, formuliert aber die einzelnen Punkte in der jeweils zweckmäßigsten Weise. Wie die Beispiele zeigen, läßt sich mit diesem Plan, ohne ausgedehnte textliche Beschreibung jedes Konstruktionselement eindeutig festlegen. Die Erfahrungen können von jedem übernommen werden, ohne daß weitere Rückfragen bei dem diese Erfahrung hergebenden Betrieb erforderlich sind.

Die Aufeinanderfolge der einzelnen Fragen deckt sich mit der zweckmäßigen Reihenfolge der Gedanken bei der Lösung der Aufgabe.

Beispiel 1: Maschinenlager.

I. Betriebsaufgaben:

1. **Art der Maschine:**

Stirnradgetriebe Leistung 40 PS (max. 70 PS). Bild 54. Modul 10. Ritzel a (17 Zähne) treibt Rad b (83 Zähne). Abtriebswelle c. Die Wellen werden über Buchsen d, e, f aus Zinklegie-

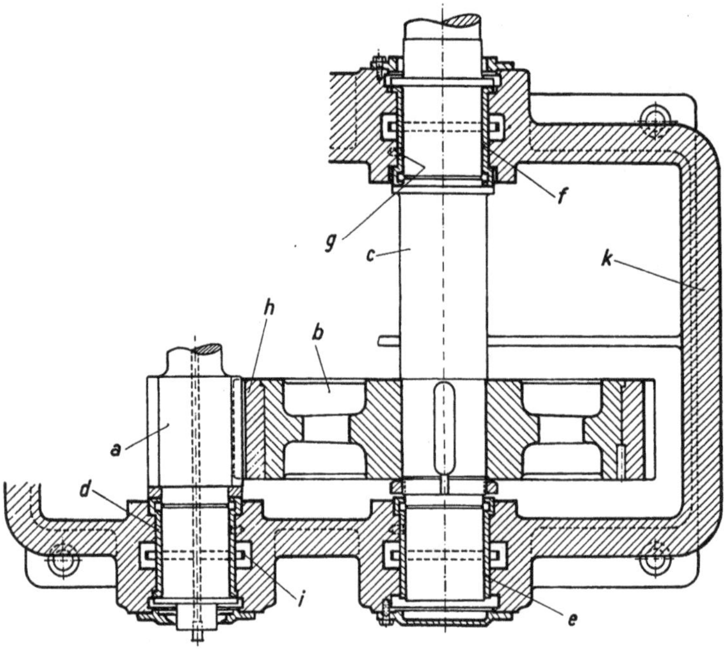

Bild 54. Lagerung der Wellen in einem Stirnradgetriebe.

rung vom Getriebekasten k getragen. Zahnkranz h zur Ersparnis hochlegierter Stähle als Kranz auf Radkörper b aufgeschrumpft und verschraubt.

2. **Einbauort und Wirkungsweise der Lager:**
Ritzelwelle a / Abtriebswelle c — Gleitlager

3. **Belastungsart:**
Gleichbleibend rotierend

4. **Lagerzapfendurchmesser:**
$D_1 = 140$ mm / $D_2 = 160$ mm

5. **Lagerzapfenlänge:**
$l_1 = 170$ mm / $l_2 = 170$ mm

6. **Drehzahl:**
$n_1 = 96$ U/min / $n_2 = 19,6$ U/min
7. **Gleitgeschwindigkeit:**
$v_1 = 0,7$ m/s / $v_2 = 0,16$ m/s
8. **Gesamt-Lagerbelastung:**
$P_1 = 1750$ kg / $P_2 = 2470$ kg
9. **Spezifische Lagerbelastung:**
$P_1 = 12,7$ kg/cm^2 / $p_2 = 15,8$ kg/cm^2
10. **Schmiermittel:**
Maschinenöl (Shell Gleitöl II)
11. **Art der Schmierung:**
Ringschmierung
12. **Art der Ölzuführung in der Lauffläche:**
2 Schmiernuten
13. **Erforderte Notlaufeigenschaften:**
Keine, wegen zuverlässiger Schmierung
14. **Betriebsraumtemperaturen:**
5° C bis 30° C
15. **Art des Anfahrens:**
Vollast
16. **Häufigkeit des Anfahrens:**
1 × je Stunde

II. Verwirklichungsaufgaben:

a) frühere Ausführung,   b) jetzige Ausführung

1. **Gestalt:**
a) Buchsen siehe Bild 54
b) Buchsenabmessungen übereinstimmend mit a)
2. **Baustoff der Lagerschale:**
a) Rotguß Rg 9
b) Zinklegierung Z 740
3. **Herstellverfahren:**
a) Sandguß
b) Wie a)
4. **Laufflächenbearbeitung der Buchse:**
a) Fein geschlichtet
b) Fein geschlichtet mit Diamant (Vorschub 0,05 mm)
5. **Toleranzfeld der Laufbohrung in der Buchse:**
a) H 7
b) H 7
6. **Toleranzfeld der Lagerbuchse außen:**
a) k 6
b) k 6
7. **Toleranzfeld der Bohrung in der Tragkonstruktion:**
a) H 7
b) H 7

8. **Baustoff der Welle:**
   a) Einsatzstahl St. C. 16.61
   b) Wie a)
9. **Härtezustand der Welle:**
   a) Ungehärtet
   b) Wie a)
10. **Laufflächenbearbeitung der Welle:**
   a) Fein schlichten, schleifen
   b) Wie a)
11. **Toleranzfeld des Wellenzapfendurchmessers:**
   a) e 8
   b) Wie a)
12. **Lagerspiel:**
   a) 1°/$_{00}$ im Mittel
   b) Wie a)
13. **Gewicht der Buchse:**
   s) 9,3 kg (12,5 mm Wandstärke)
   b) 8,1 kg
   c) Ersparung je Getriebe $\sim$ 27 kg Rotguß
14. **Verbotsanordnung:**
   a) Anordnung 39a § 9, A 2
   b) Kein Verbot

III. Betriebserfahrungen:

1. **Allgemeine Bewährung der Umstellausführung:**
   Nach einjährigem Betrieb keine Beanstandungen.
2. **Betriebsmäßige Lagertemperatur:**
   a) 50° C
   b) Wie a)
3. **Laufflächenzustand nach längerem Betrieb:**
   a) Blank gelaufen
   b) Matt gelaufen
4. **Wellenzapfenzustand nach längerem Betrieb:**
   a) Blank
   b) Wie a)
5. **Veränderungen des Sitzes der Lagerbuchse nach längerem Betrieb:**
   a) Keine
   b) Keine
6. **Veränderungen der Wellenpassung nach längerem Betrieb:**
   a) Keine
   b) Keine

IV. Bewertung:

Die Ermittlung des bestgeeigneten Lagerbaustoffes ist bei
der Vielzahl der vorhandenen Lagerbaustoffe für alle Fälle,
in denen in bezug auf die Belastung oder auf die Geschwindig-

Nr.	B_{Art}	W	G	Gr	F	Kl	S	H	A	T	K	Güte
B_1	WM 10	2	1	1	3	3	1	3	3	1	2	20
B_2	GBz 10	1	1	1	3	3	1	3	3	1	2	19
B_3	Pb-Bz 25	1	1	1	3	3	1	3	3	1	2	19
B_4	GAl-Bz 9	2	1	1	3	3	1	3	3	1	1	19
B_5	So-Ms	2	2	3	3	3	1	3	3	1	1	22
B_6	Zn-Al-Cu	3	1	1	3	3	3	3	1	3	2	23
B_7	Al-Mg	1	1	1	3	2	2	3	1	1	2	17
B_8	So-Ge	1	1	2	2	3	3	2	3	2	3	22
B_9	Sint-E	3	3	2	2	3	3	1	0	2	1	20
B_{10}	St/So-Ms	1	3	3	3	3	2	3	0	1	1	20
B_{11}	PrSt-T2	2	3	1	2	2	2	1	0	1	1	15
B_{12}	Ht.Gwb	2	2	1	2	2	2	3	0	2	1	17
B_{13}	PrHlz	2	2	1	2	2	2	3	0	1	1	16

Tafel XI. Bewertungsplan.

keit usw. keine besonders hohen Anforderungen gestellt werden, denen nur mit ganz bestimmten hochwertigen Baustoffen
zu genügen ist, nicht leicht.

Der verantwortungsbewußte Ingenieur wird der Reihe nach
alle Lagerbaustoffe durchgehen und sie bewerten. Das Ergebnis
einer solchen Bewertung in Form eines Bewertungsplanes zusammengestellt, zeigt Tafel XI. In der Bewertung erhielten

Nr.	W_{Art}	Wi	Bs	Bk	Me	B	Ge	En	Lf	K	Güte
W_1	Gleitlager	3	3	3	3	3	3	2	3	3	26
W_2	Kugellager	3	2	2	2	2	2	3	2	1	17
W_3	Rollenlager	3	3	2	2	2	2	3	2	1	17
W_4	Nadellager	3	2	1	2	2	1	2	2	1	16

Tafel XII. Bewertungsplan.

10*

alle jene Baustoffe, deren Tragfähigkeit die geforderten 15 bis 20 kg/qcm wesentlich sowohl über als auch unterschreiten. eine von 3 abweichende Note. Es zeigt sich, daß die Zinklegierung in der Bewertung am besten abschneidet. Zur Kontrolle wurde weiter untersucht, ob statt der Gleitlager für das Getriebe nicht Kugel-, Rollen- oder Nadellager vorteilhafter wären (Tafel XII). Die Bewertung der verschiedenen Lagerausführungen ergibt tatsächlich die Überlegenheit des Gleitlagers.

Beispiel 2: Maschinenlager.

I. Betriebsaufgaben:

1. **Art der Maschine:**
   Schneckengetriebe. Leistung $N = 10$ PS (Bild 55)
2. **Einbauort und Wirkungsweise des Lagers:**
   Lagerungen der Schneckenradwelle e, f und der Schneckenwelle g, h. (Die folgenden Angaben beziehen sich auf die Lagerstelle h.)
3. **Belastungsart:**
   Gleichbleibend rotierend
4. **Lagerdurchmesser:**
   $D = 60$ mm
5. **Lagerzapfenlänge:**
   $l = 150$ mm
6. **Drehzahl:**
   $n = 224$ U/min
7. **Gleitgeschwindigkeit:**
   $v = 0,7$ m/s
8. **Gesamtlagerbelastung:**
   $P = 213$ kg
9. **Spezifische Lagerbelastung:**
   $p = 25$ kg/cm^2
10. **Schmiermittel:**
    Getriebeöl (gemeinsam mit Getriebeschmierung)
11. **Art der Schmierung:**
    Ringschmierung
12. **Art der Ölzuführung in der Lauffläche:**
    Längsschmiernute im unbelasteten Buchsenteil
13. **Erforderte Notlaufeigenschaften:**
    Keine, da sichere Schmierung.
14. **Betriebsmäßige Außentemperatur:**
    Maschinenraumtemperatur
15. **Art des Anfahrens:**
    Vollast
16. **Häufigkeit des Anfahrens:**
    2 × täglich, Stillstand nachts

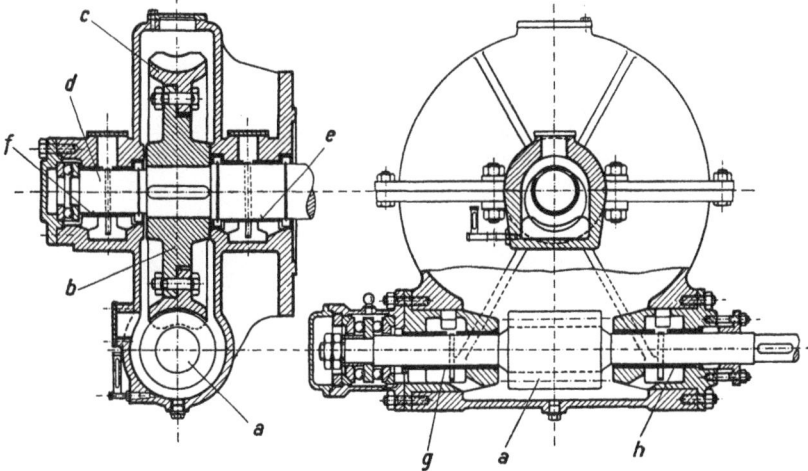

Bild 55. Lagerung der Schneckenwelle in einem Schneckenradgetriebe.

II. Verwirklichungsaufgaben:

a) frühere Ausführung,   b) jetzige Ausführung

1. **Gestalt:**
   a) Lagerbuchse siehe Bild 55
   b) Übereinstimmend mit Ausführung a)
2. **Baustoff der Lagerschale:**
   a) Zinn-Bronze GBz 14
   b) Zinklegierung Z 740
3. **Herstellverfahren:**
   a) Sandguß
   b) Wie a)
4. **Laufflächenbearbeitung der Buchse:**
   a) Geschlichtet
   b) Diamantgedreht, Vorschub 0,05 mm
5. **Toleranzfeld der Laufbohrung in der Buchse:**
   a) DIN-Passung B
   b) Wie a)
6. **Toleranzfeld der Lagerbuchse außen:**
   a) DIN-Passung P
   b) Wie a)
7. **Toleranzfeld der Lagerbohrung in der Tragkonstruktion:**
   a) DIN-Passung B
   b) Wie a)
8. **Baustoff der Welle:**
   a) Einsatzstahl EC 80
   b) Wie a)

9. **Härtezustand der Welle:**
   a) Ungehärtet
   b) Wie a)
10. **Laufflächenbearbeitung der Welle:**
    a) Geschliffen
    b) Geschliffen und mit Polierpapier abgezogen
11. **Toleranzfeld des Wellenzapfendurchmessers:**
    a) DIN-Passung LL
    b) Wie a)
12. **Lagerspiel:**
    a) Mittelwert 1,6 $^0/_{00}$
    b) Wie a)
13. **Gewicht der Lagerbuchse:**
    a) 2,4 kg
    b) 2,1 kg
    c) Ersparnis je Getriebe $\sim$ 10 kg Zinn-Bronze
14. **Verbots-Anordnung:**
    a) Anordnung 39 a § 9, A 2
    b) Nicht verboten

III. Betriebserfahrungen:

1. **Allgemeine Bewährung der Umstellausführung:**
   In großer Stückzahl 14 Monate ohne Störung im Betrieb
2. **Betriebsmäßige Lagerübertemperatur:**
   a) 40° C
   b) 30° C
3. **Laufflächenabnutzung nach einjährigem Betrieb:**
   a) Blank gelaufen
   b) Matt gelaufen
4. **Zustand des Wellenzapfens nach einjährigem Betrieb:**
   a) Blank
   b) Wie a
5. **Zustand des Sitzes der Lagerbuchse:**
   a) Unverändert
   b) Unverändert
6. **Zustand der Wellenpassung nach einjährigem Betriebe:**
   a) Lehrenhaltig
   b) Lehrenhaltig

Beispiel 3: Schneckenradgetriebe.

I. Betriebsaufgaben:

1. **Wirkungsweise:** Schneckengetriebe für Waschmaschinenantrieb (Bild 56).

   Der Waschmotor *g* treibt über das Schneckengetriebe *e, f*-
   die Schnecke *d* und über das Schneckenrad *c* die Abtriebs,
   welle *a*. Im Schleudergang wird mit der Kupplung *h* der Wasch-

motor abgetrennt und dafür der Schleudermotor (nicht gezeichnet, Kupplungsstück i) angeschlossen.

Zähnezahl des Getriebes $d, c = 3/16$. Gangzahl $m = 3$.

Übersetzung $i = 5,33$

Teilung $t = 8,52$ mm

Teilkreisdurchmesser $d = 141,55$ mm

Achsabstand $a = 84,5$ mm

Zahnform = Globoid-Verzahnung der Zahnräderfabrik Augsburg

a) Betrieb im Waschgang:

Leistung $N = 1$ PS

Drehzahl 78,5/14,7

Gleitgeschwindigkeit $v = 0,156$ m/s

Belastungszahl $K = 69,5$ kg/cm²

b) Betrieb im Schleudergang:

$N = 7$ PS

Drehzahl $= 2850/534$

Gleitgeschwindigkeit $v = 5,67$ m/s

Belastungszahl $K = 14,5$ kg/cm²

2. **Mechanische Bedingungen des Verwendungsortes:**
Ortsfester Betrieb

3. **Klimatische Bedingungen des Verwendungsortes:**
Wäscherei, hohe Luftfeuchtigkeit, Seifenlösungen. Arbeitstem-
peratur des Schneckenrades bis 60° C
gekapselt im Ölbad laufend.

4. **Bedingungen für Größe und Gewicht:**
Ortsfeste Anlage, keine besonderen Anforderungen

5. **Versandfähigkeit, Zollfragen:**
Kleine Abmessungen, daher gegeben

6. **Anordnung der Handhabung:**
Hier bedeutungslos

7. **Wartung im Betrieb:**
Schmierung durch Ölstandgläser

8. **Instandsetzungsmöglichkeit:**
Herstellwerk. Auswechslung des Schneckenradkranzes c muß
leicht möglich sein. Schneckenradkörper b wird dabei weiter
verwendet.

9. **Energieverbrauch:**
Möglichst hoher Wirkungsgrad, um Stromverbrauch klein zu
halten. Aus diesem Grunde wurde die Ausführung mit
2 Motoren verschiedener Leistung gewählt. Außerdem gewährleistet das Globoidschneckengetriebe einen Wirkungsgrad
von etwa 95%.

10. **Geforderte Gebrauchsdauer:**
3 Jahre ohne Schneckenkranzauswechselung

11. **Anforderungen an das Aussehen:**
Hier bedeutungslos

12. **Nicht durch die Wirkung bedingte Forderung:**
 Durch die Umstellung soll nur das Schneckenrad allein betroffen werden. Alle übrigen Teile sind unverändert beizubehalten.
13. **Vorschriften:**
 Keine
14. **Verwendung vorhandener Erzeugnisse:**
 Nicht möglich
15. **Schutzrecht der Wirkungsweise:**
 Globoid-Schneckengetriebe geschützt
16. **Berücksichtigung von Verbindungsleitungen:**
 Hier nicht erforderlich
17. **Weitere Gesichtspunkte zu den Betriebsaufgaben:**
 Im Waschgang treten bei jeder Richtungsumkehr der Waschtrommel Drehmomentstöße auf vom dreifachen Betrage des Normaldrehmomentes. Diese Stöße gehen voll über das Schneckengetriebe.

II. Verwirklichungsaufgaben:

a) frühere Ausführung,   b) jetzige Ausführung

1. **Gestalt** (siehe Bild 56):
 a) Schneckenradkranz *c* auf Radkörper *b* aufgeschrumpft und verschraubt
 b) Schneckenradkranz auf Radkörper aufgepaßt und verschraubt
2. **Baustoff:**
 a) Zinn-Bronze GBz 14
 b) Zinklegierung Z 740

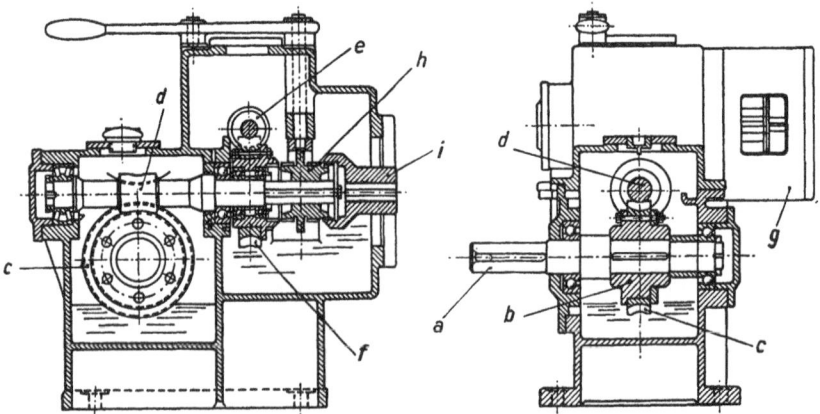

Bild 56. Zweistufiges Schneckenradgetriebe.

3. **Werkstoffbeschaffungslage:**
   a) Anordnung 39a § 3 A I, 39
   b) Kein Verbot
4. **Baustoffnormen:**
   a) DIN 1705
   b) Nicht genormt
5. **Oberfläche:**
   a) Unbehandelt
   b) Wie a
6. **Fertigungsstückzahl:**
   a) Kleine Serien
   b) Wie a)
7. **Teilherstellverfahren:**
   a) Sandgießen, drehen, verzahnen auf Globoid-Maschine
   b) Spritzgießen, sonst wie a)
8. **Vorrichtungen und Werkzeuge:**
   a) Holzmodell
   b) Spritzgußwerkzeug
9. **Maschinenpark:**
   a) Globoid-Renk-Schneckenrad-Hobelmaschine
   b) Wie a)
10. **Zusammenbau:**
    a) Aufschrumpfen,
    b) Verschrauben
11. **Verwendung vorhandener Teile:**
    a) Nicht möglich
    b) Wie a)
12. **Normenteile:**
    a) Keine
    b) Wie a)
13. **Termine:**
    a) Lieferschwierigkeiten, lange Termine
    b) Zinklegierungen im allgemeinen leicht erhältlich
14. **Schutzrechte der Fertigung:**
    a) Keine
    b) Wie a)
15. **Baustoff — Lohnkosten:**
    a) 100%
    b) 80%
16. **Baustoffaufwand:**
    a) 2,4 kg Zinn-Bronze
    b) 2,1 kg Zinklegierung

III. Betriebserfahrungen:

1. **Umstellausführung:**
   Über ein Jahr im Betrieb
2. **Bewährung:**
   Vorzüglich. Keinerlei Nachteile gegenüber früherer Ausführung.

IV. Bewertung:

Nr.	B Art	G	Gr	F	Kl	S	H	A	T	K	En	Ge	Güte
B_1	GBz 14	3	3	3	3	u	3	3	2	3	3	3	u (31)
B_2	Al-Si	3	1	3	3	1	3	2	1	2	3	2	23
B_3	Mg-Al	3	1	3	3	1	3	1	1	2	1	1	20
B_4	Z 410	3	3	3	2	2	3	1	3	2	2	2	26
B_5	Z 740	3	3	3	2	2	3	1	3	2	3	3	28
B_6	So-Ge	3	3	1	3	3	2	3	3	3	1	u	u (25)
B_7	Sint-E	2	2	1	3	3	2	0	1	1	1	u	u (16)
B_8	Ht. Gwb	2	2	2	1	2	2	0	2	1	1	u	u (15)
B_9	Pr. Holz	2	2	2	1	2	2	0	2	1	1	u	u (16)

Tafel XIII. Bewertungsplan.

Beispiel 4: Fahrzeuglager.

I. Betriebsaufgaben:

1. **Art der Maschine:**
   Schwerer Zugkraftwagen mit Gleiskettenantrieb
2. **Einbauort und Wirkungsweise des Lagers** (Bild 57):
   Lagerung der Laufradkurbelachsen. Tragring d fest im Fahrzeugrahmen. Mit Hohlachse h ist die Kurbelschwinge fest verbunden. Diese führt bei Fahrt über Bodenunebenheiten Schwingungen aus.
3. **Belastungsart:**
   Stoßweise pendelnd
4. **Lagerzapfendurchmesser:**
   85 ⌀ bei Nadellager, 90 ⌀ bei Buchsenlager
5. **Lagerzapfenlänge (tragend):**
   16 mm Nadellänge, 42 mm Buchsenlänge
6. **Drehzahl:**
   Entfällt bei Schwingbewegung
7. **Gleitgeschwindigkeit:**
   Bei Schwingbewegung kein Maßstab für die Beurteilung der Beanspruchung
8. **Gesamt-Lagerbelastung:**
   2000 kg ruhend, dazu Beschleunigungsstöße bis zum Doppelten
9. **Spezifische Lagerbelastung:**
   Entsprechend 8, bei Buchsenlager $\sim$ 51 kg/cm²

10. **Schmiermittel:**
Getriebeöl ·oder Einheitsfett
11. **Art der Schmierung:**
Fettdruckschmierung (einzeln oder Gruppenschmierung)
12. **Art der Schmiermittelzuführung in Lauffläche:**
Beim Buchsenlager umlaufende Schmierrille in der Buchse f
(Bild 41) und 6 verteilte Längsschmiernuten
13. **In welchem Maße sind Notlaufeigenschaften nötig:**
Nicht erforderlich, da Wartung vorgeschrieben
14. **Bei welchen höchsten und tiefsten Außentemperaturen wird gefahren:**
$+ 70^0$ C / $—50^0$ C
15. **Art des Anfahrens:**
Vollast
16. **Häufigkeit des Anfahrens / Stillstandsdauer:**
Kraftwagenbetrieb, häufiges Anfahren, aber auch längerer Stillstand möglich

II. Verwirklichungsaufgaben:

a) frühere Ausführung,   b) jetzige Ausführung

1. **Gestalt:**
a) Nadellager (Bild 57). Laufringe a, b. Nadeln c. (Listenmäßiges Nadellager.) Fettdichtung e. (Simmerinye. Bunaringe.) Dichtungsträger k, m. Abstandsrohr zum zweiten Lager n. Spannmutter i.
b) Buchsenlager (Bild 58). Buchse f auf Achse h fest. Äußere Lagerschale g. (Auswechselbar, wegen Verschleiß gehärtet.)
2. **Baustoff der Lagerschale:**
a) Kugellagerstahl (EC 80) für die Laufringe a, b
b) St. 35.29 für die Schale g (Stahlrohr)

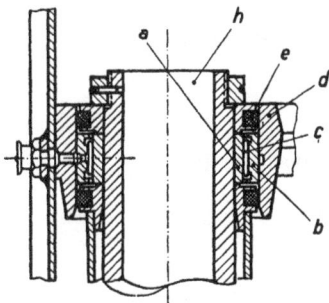

Bild 57. Lagerung der Laufräder eines Zugkraftwagens mit Nadellager.

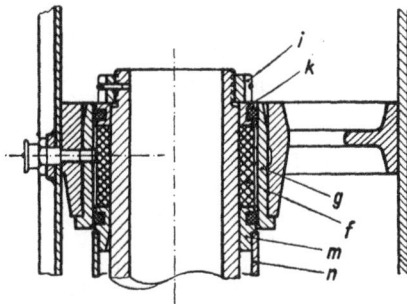

Bild 58. Lagerung der Laufräder eines Zugkraftwagens mit Kunstharzpreßstofflager.

3. **Herstellverfahren:**
   a) Gedreht
   b) Gedreht, Einsatz gehärtet (Schale g)
4. **Laufflächenbearbeitung der Buchse:**
   a) Gedreht und geschliffen
   b) Geschliffen
5. **Toleranzfeld der Laufbohrung in der Buchse:**
   a) H 5 (äußerer Laufring)
   b) H 7 (Buchse g)
6. **Toleranzfeld der Lagerbuchse außen:**
   a) e 8 (äußerer Laufring)
   b) m 6 (Buchse g)
7. **Toleranzfeld der Bohrung in der Tragkonstruktion:**
   a) H 8 } im Ring d
   b) H 8
8. **Baustoff der Welle:**
   a) Listenmäßiges Nadellager
   b) Hartgewerbe grobfädig DIN 7701 (Wellenbuchse f)
9. **Härtezustand der Welle:**
   a) (Laufringe) gehärtet
   b) Kunstharz, naturhart
10. **Laufflächenbearbeitung der Welle:**
    a) Geschliffen (Laufring)
    b) Feingedreht (Buchse f außen)
11. **Toleranzfeld des Wellenlaufdurchmessers:**
    a) e 8
    b) e 8
12. **Lagerspiel:**
    a) $0,3^0/_{00}$
    b) $3,0^0/_{00}$

III. Betriebserfahrungen:

1. **Allgemeine Bewährung der Umstellausführung:**
   Seit 3 Jahren ohne Beanstandung im Betriebe
2. **Lagertemperaturen:**
   Unbedeutend
3. **Abnutzung der Laufflächen:**
   a) Nadeln schlagen sich ein
   b) Matt gelaufen. bei guter Schmierung geringfügig
4. **Aussehen der Wellenzapfen:**
   a) Blank
   b) Blank
5. **Sitz der Kunstharzbuchse:**
   Hat sich im Betrieb nicht verändert
6. **Wellenpassung:**
   a) Infolge des Einhämmerns der Nadeln leichte Vergrößerung
   b) Hat sich im Betrieb nicht verändert

IV. Bewertung:

Nr.	W_{Art}	G	B	Me	Ge	En	Bs	Bk	K	Güte
W_1	Nadellager	3	3	2	2	3	2	2	2	19
W_2	Gleitlager	3	2	3	3	2	3	3	3	22

Tafel XIV. Bewertungsplan.

Beispiel 5: Fuß-Schraube für Schnell-Waage.

I. Betriebsaufgaben:

1. **Wirkung:**
   Tragschraube (Bild 59). Zur Horizontal-Ausrichtung des Grundrahmens einer Schnell-Waage. Bei Einstellung steht das Druckstück b auf der Unterlage fest, das Griffstück a mit dem Gewindebolzen wird gedreht und hebt und senkt dabei das Muttergewinde im Grundrahmen und damit diesen selbst. Dabei wirkt b als Spurlager

2. **Mechanische Bedingungen des Verwendungsortes:**
   Rauhe Behandlung durch rasch arbeitende und unvorsichtig vorgehende Personen

3. **Klimatische Arbeitsbedingungen des Verwendungsortes:**
   Feuchte Räume kommen häufig vor, z. B. Schlächtereien usw.

4. **Bedingungen für Größe und Gewicht:**
   Ortsfest, daher keinerlei Einschränkungen durch den Verwendungszweck

5. **Versandfähigkeit:**
   Als Teil des Gesamtgerätes möglichst leicht

6. **Anforderungen der Handhabung:**
   Der Rändelgriff von a muß leicht anzufassen sein. Der Drehdurchmesser darf nicht zu klein sein

7. **Wartung im Betrieb:**
   Leichte Reinigungsmöglichkeit ist erforderlich

8. **Instandsetzungsmöglichkeit:**
   Die Fußschraube muß als Ganzes bei Bruch usw. leicht ausgewechselt werden können

9. **Energieverbrauch:**
   Rändelgriff von a muß sich leicht drehen lassen, daher geringe Reibung zwischen a und b erforderlich.

10. **Geforderte Gebrauchsdauer:**
    Gleiche Gebrauchsdauer wie die Mechanik der Waage, etwa 10 Jahre

11. **Anforderungen an das Aussehen:**
    Gefällige Farbe und Form

12. **Nicht durch die Wirkung bedingte Kundenforderungen:**
Möglichst geringe Anschaffungskosten. Möglichst gleiche Abmessungen vor und nach der Umstellung
13. **Vorschriften:** Keine
14. **Verwendung vorhandener Erzeugnisse:**
Nicht möglich
15. **Schutzrechte der Wirkungsweise:**
Keine
16. **Berücksichtigung von Verbindungsleitungen:**
Nicht erforderlich

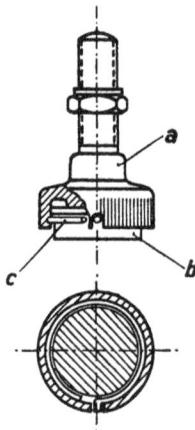

Bild 59. Tragschraube aus Sparmetall.

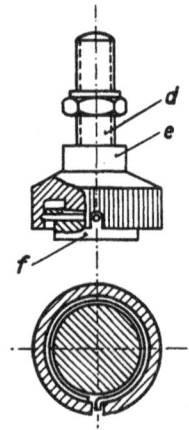

Bild 60. Tragschraube mit weitgehender Verwendung von Kunstharzpreßstoff.

II. Verwirklichungsaufgaben:

a) frühere Ausführung,   b) jetzige Ausführung

1. **Gestalt:**
   a) Bild 59
   Drehknopf a und Schraubenbolzen bilden ein Drehteil. Druckstück b durch Sprengringfeder c im hohlen Drehknopf seitlich beweglich und drehbar gelagert. Drehstück b Drehteil.
   b) Bild 60
   Schraubenbolzen d im Drehgriff e eingepreßt. Druckstück f ebenfalls Preßteil

2. **Baustoff:**
   a) Messing Ms 58
   b) Schraubenbolzen Stahl
   Preßteil: Kunstharzpreßstoff Typ S

Bild 59. Tragschraube aus Sparmetall.

Bild 60. Tragschraube mit weitgehender Verwendung von Kunstharzpreßstoff.

rwirklichungsaufgaben:

a) frühere Ausführung   b) neuzeitige Ausführung

talt:

Bild 59

Drehknopf a und Schraubenbolzen bilden ein Drehteil. Druckstück b durch Sprengringfeder c im hohlen Drehknopf seitlich beweglich und drehbar gelagert. Druckstück b Drehteil.

Bild 60

Schraubenbolzen d im Drehgriff e eingepreßt. Druckstück f
ebenfalls Preßteil.

Baustoff:

Messing Ms 58

Schraubenbolzen Stahl

Preßteil: Kunstharzpreßstoff Typ S

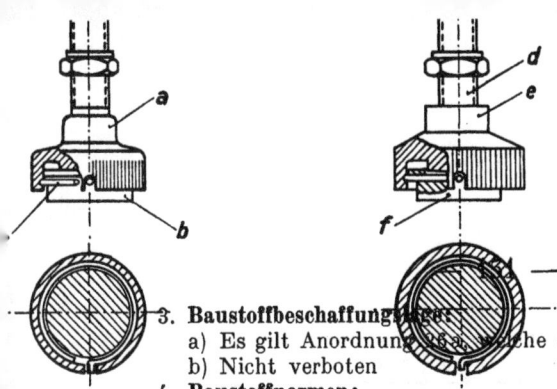

3. **Baustoffbeschaffung:**
   a) Es gilt Anordnung, die eine ein Verbot ausspricht
   b) Nicht verboten
4. **Baustoffnormen:**
   a) DIN 1709
   b) DIN 7701
5. **Oberfläche:**
   a) Vernickelt
   b) Preßhaut, Bolzen verzinkt
6. **Fertigungsstückzahl:**
   a) Hoch
   b) Hoch
7. **Teilherstellverfahren:**
   a) Drehen, fräsen, Gewinde schneiden, rändeln
   b) Drehen, Gewindeschneiden der Bolzen. Pressen
8. **Vorrichtungen und Werkzeuge:**
   a) Normale Zerspanungswerkzeuge
   b) Preßform
9. **Maschinenpark:**
   a) Normale Maschinen
   b) Normale Maschinen
10. **Zusammenbau:**
   a) Schraube muß sich in Mutter aus Stahl leicht bewegen lassen
   b) Verzinken und Einfetten sichert leichte Beweglichkeit
11. **Verwendung vorhandener Teile:**
   a) Nicht möglich
   b) Umkonstruktion
12. **Normenteile:**
   a) Keine
   b) Keine
13. **Termine:**
   a) Belastet eigene Werkstätten
   b) Hauptarbeit in Presserei, kurzzeitig
14. **Schutzrechte der Fertigung:**
   a) Keine
   b) Keine
15. **Baustoff—Lohnkosten:**
   a) 100%
   b) 60%
16. **Baustoffaufwand brutto:**
   a) 500 g Messing Rohgewicht je Schraube, 1,5 kg Messing je
      Waage
   b) 100 g Stahl je Waage

III. Betriebserfahrungen:

1. Seit 2 Jahren im Betrieb
2. Keinerlei Beanstandungen von seiten der Kunden

IV. Bewertung:

Nr.	B Art	W	G	Ü	Kl	S	H	A	T	K	Güte
B_1	Ms 58	3	3	2	3	u	2	3	3	3	u (22)
B_2	Aut. St	2	3	2	2	3	1	2	2	1	18
B_3	Z 1010	3	3	2	1	2	1	1	2	1	16
B_4	Al 99,5	3	3	2	2	1	2	1	3	2	19
B_5	Pr St – S	3	3	3	3	3	3	0	1	3	22
B_6	Pr St – T	3	3	3	3	2	3	0	1	3	21
B_7	Sp G Zn – Al	3	3	2	2	2	3	0	1	3	19

Tafel XV. Bewertungsplan.

Beispiel 6: Filterkappe.

I. Betriebsaufgaben:

1. **Wirkung** (Bild 61):
   Im Gaserzeuger der Einheitslaterne hat das frisch er-
   zeugte Azetylengas ein Filter zu durchströmen. Der Filterein-
   satz (einfache Filzscheibe) muß rasch auswechselbar sein. Daher
   muß die Filterkappe als Filterhalterung abschraubbar sein und
   einen Drehgriff besitzen. Zur Gasdurchleitung ist eine größere
   Anzahl kleiner Durchgangsöffnungen erforderlich
2. **Mechanische Bedingungen des Verwendungsortes:**
   Rauhe Behandlung im Truppendienst muß ertragen werden
3. **Klimatische Arbeitsbedingungen des Verwendungsortes:**
   Widerstandsfähig gegen Azetylen, Wasser und dauernde Wärme
   bis etwa 50° C
4. **Bedingungen für Größe und Gewicht:**
   Die Einheitslaterne ist ein tragbares Gerät, daher muß jedes
   ihrer Einzelteile möglichst leicht sein
5. **Versandfähigkeit:**
   Kleines Teil, leicht versandfähig
6. **Anforderungen der Handhabung:**
   Leichte Verschraubbarkeit, leicht anzufassender Drehgriff
   (Knebelgriff)
7. **Wartung im Betrieb:**
   Es wird Wartungsfreiheit verlangt
8. **Instandsetzungsmöglichkeit:**
   Selbstinstandsetzung nach Bruch ist nicht gefordert
9. **Energieverbrauch:**
   Hier ohne Bedeutung, da statisches Element
10. **Geforderte Gebrauchsdauer:**
    Gebrauchsdauer betriebsmäßig durch Korrosion bestimmt. Ver-

langt werden 5 Betriebsjahre unter normaler Beanspruchung durch Ausübung der Aufgabe der Laterne
11. **Anforderungen an das Aussehen:**
Sauberhaltung muß leicht kontrolliert werden können
12. **Nicht durch die Wirkung bedingte Kundenforderungen:**
Grundsätzliche Veränderung der Wirkungsweise und Gestalt infolge Umstellung ist nicht zulässig
13. **Vorschriften:**
Konstruktionsrichtlinien für Gerät HgN 11501
14. **Verwendung vorhandener Erzeugnisse:**
Nicht möglich
15. **Schutzrechte der Wirkungsweise:**
Keine
16. **Berücksichtigung von Verbindungsleitungen:**
Gaskanal im Brennerträger

II. Verwirklichungsaufgaben:

a) frühere Ausführung.   b) jetzige Ausführung

1. **Gestalt:**
a) Bild 61
Kappe *a* mit Gewindebuchse *c* und Drehgriff *b* vernietet und verlötet. Zapfennietung *d*.
b) Bild 62
Gewindebuchse *f* ist in Kunstharzpreßteil *e* eingepreßt

Schnitt A-B   *Schnitt A-B*

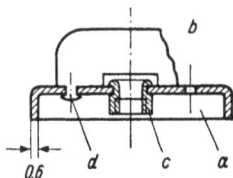
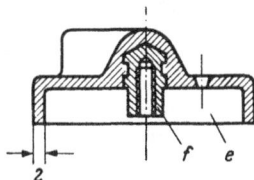

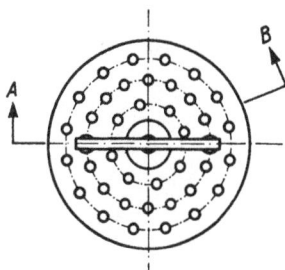
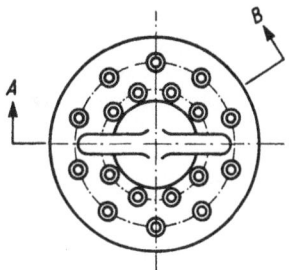

Bild 61. Lochfilter aus Messingblech.

Bild 62. Lochfilter aus Kunstharzpreßstoff.

Wögerbauer, Konstruieren.   11

2. **Baustoff:**
   a) Messingblech, Messingstangenhalbzeug
   b) Für Gewindebuchse Zinklegierung Z 1010. Kappe Kunstharzpreßstoff Typ S
3. **Baustoffbeschaffungslage:**
   a) Ungünstig, Anordnung 26a, Ausnahmegenehmigung erforderlich
   b) Für beide Baustoffe günstig
4. **Baustoffnormen:**
   a) DIN 1751 und DIN 1756
   b) DIN 7701
5. **Oberfläche:**
   a) Gebeizt
   b) Nicht behandelt
6. **Fertigungsstückzahl:**
   a) Gering
   b) Bisher 70 000
7. **Teilherstellverfahren:**
   a) Ausschneiden, tiefziehen, beschneiden, lochen; drehen, Gewinde schneiden, nieten
   b) Gewindebuchse drehen, Gewinde schneiden, kunstharzpressen
8. **Vorrichtungen und Werkzeuge:**
   a) Rundschnitt, Zug, Locher, Formschnitt, Nietvorrichtung
   b) Preßwerkzeug
9. **Maschinenpark:**
   a) Normale Maschinen
   b) Normale Maschinen
10. **Zusammenbau:**
    a) Nieten und löten
    b) Kein besonderer Arbeitsgang
11. **Verwendung vorhandener Teile:**
    a) Nicht möglich
    b) Nicht möglich
12. **Normenteile:**
    a) Keine
    b) Keine
13. **Termine:**
    a) Bedingt durch Besetzung der Metallbearbeitungswerkstätten
    b) Kann kürzer sein als bei a)
14. **Schutzrechte der Fertigung:**
    a) Keine
    b) Keine
15. **Baustoff-Lohnkosten:**
    a) 100%
    b) 60%
16. **Baustoffaufwand brutto:**
    a) 45 g Messing
    b) 10 g Zinklegierung Z 1010 für Gewindebuchse

III. Betriebserfahrungen:

1. 2 Jahre im Frontbetrieb
2. Vollständige Bewährung

IV. Bewertung:

Nr.	B_{Art}	Ü	S	Kl	Gr	H	T	A	K	Güte
B_1	Ms – Bl.	3	u	3	2	2	3	3	2	u (18)
B_2	St – Tfz. Bl.	1	3	1	2	1	2	3	1	14
B_3	SpG Zn – Al	1	2	1	1	3	1	0	3	12
B_4	Zn – Leg. Bl.	1	2	1	1	1	2	0	1	9
B_5	Pr St – S	3	2	2	3	3	1	0	3	17
B_6	Pr St – T2	3	1	3	3	3	1	0	3	17

Tafel XVI. Bewertungsplan.

Beispiel 7: Sockel zum Schwenkarm-Ausleger für Tisch-Fernsprecher.

I. Betriebsaufgaben:

1. **Wirkung** (Bild 63):
   Sockel a hält die Drehachse b. Ein Lagerbügel mit Lagerbuchsen trägt über den Teleskop-Ausleger auf dem Tragbock die Last $P = 5$ kg. Lastentfernung von der Drehachse maximal 800 mm
2. **Mechanische Bedingungen des Verwendungsortes:**
   Zusatzlast durch Aufstützen des Sprechenden am Tragbock. Ferner sind Stöße an die Achse b mit einem Vielfachen der Hauptlast möglich
3. **Klimatische Arbeitsbedingungen des Verwendungsortes:**
   Büroräume
4. **Bedingungen für Größe und Gewicht:** Uneingeschränkt
5. **Versandfähigkeit — Zollfragen:** Kleines Teil, unbedeutend
6. **Anforderungen der Handhabung:**
   Festes Teil ohne Handhabung
7. **Wartung im Betrieb — Zugänglichkeit:**
   Gute Reinigung muß möglich sein
8. **Instandsetzungsmöglichkeit:**
   Nicht erforderlich, billiges Ersatzteil
9. **Energieverbrauch — Betriebsstoffverbrauch — Verluste:**
   Hier bedeutungslos
10. **Geforderte Gebrauchsdauer:**
    Bei normaler Beanspruchung 10 Jahre

11*

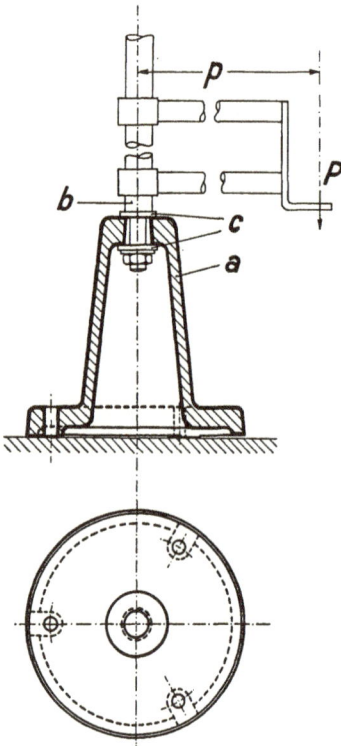

Bild 63.
Tragbock aus Glas.

11. **Anforderungen an das Aussehen:**
Gefällige, ruhige Form und un-
auffällige Farbe, übereinstimmend mit Farbe des Fern-
sprechgerätes, also schwarz
12. **Nicht durch die Wirkung bedingte Kundenforderungen:**
Keine
13. **Vorschriften — Verbote:** Keine
14. **Verwendung vorhandener Erzeugnisse:**
Achse und Ausleger sind beizubehalten
15. **Schutzrechte der Wirkungsweise:**
Keine
16. **Berücksichtigung von Verbindungsleitungen wie Schaltver-
drahtungen usw.:**
Nicht erforderlich

II. Verwirklichungsauf-
gaben:
a) frühere Ausführung,
b) jetzige Ausführung
1. **Gestalt:**
a) (Bild 63)
Drehachse b mit Schiebesitz
in Bohrung des Tragteiles a.
Achse unten abgesetzt und
Gewinde angeschnitten. Be-
festigung durch Mutter
b) Grundsätzlich die gleiche Be-
festigung, aber Bohrung 3 mm
Übermaß gegen Achse

2. **Baustoff:**
a) Magnesium-Gußlegierung
b) Glas in Masse schwarz gefärbt
3. **Baustoffbeschaffungslage:**
a) Durch Anordnung 32a der RfM verboten
b) Nicht verboten, leicht beschaffbar
4. **Baustoffnormen:**
a) G-Mg DIN 1717
b) Nicht genormt
5. **Oberfläche:**
a) Bichromatisiert, schwarz lackiert
b) Keine zusätzliche Oberflächenbehandlung
6. **Fertigungsstückzahl:**
a) Gering
b) Jährlich etwa 1000 Stück

7. **Teilherstellverfahren:**
   a) Sandgießen, drehen, bohren, reiben
   b) Fertiganlieferung vom Glaswerk
8. **Vorrichtungen und Werkzeuge:**
   a) Gußmodell
   b) Glasform
9. **Maschinenpark und -besetzung:**
   a) Normal
   b) Nicht erforderlich
10. **Zusammenbau:**
    a) Verschrauben
    b) Verschrauben unter Zwischenlage von Pappscheiben c (Bild 63)
11. **Verwendung vorhandener Teile:**
    a) Nicht möglich
    b) Neue Lösung
12. **Normenteile:**
    a) Mutter, Scheibe
    b) Mutter, Scheiben
13. **Termin:**
    a) Abhängig von Gießerei und mechanischer Werkstatt, welche meist stark belegt sind
    b) Abhängig vom Glaswerk, meistens günstige Lieferzeiten
14. **Schutzrechte der Fertigung:**
    a) Keine
    b) Keine
15. **Baustoff-Lohnkosten:**
    a) 100%   b) 50%

III. Betriebserfahrungen:

1. Drei Jahre im Betrieb
2. Vollständige Zufriedenheit der Kunden

IV. Bewertung:

Nr.	B_{Art}	W	Kl	S	H	T	R	Ü	Güte
B_1	Ge	3	1	2	2	2	3	1	14
B_2	Zn–Al3–Cu1	2	1	1	3	2	2	1	12
B_3	Al–U–Leg.	3	1	2	3	2	2	2	15
B_4	Mg–Leg.	2	1	u	1	2	1	1	u(8)
B_5	PrSt–S	2	3	u	2	1	1	3	u(12)
B_6	Glas	2	3	3	3	3	3	3	20

Tafel XVII. Bewertungsplan.

XII. Anhang 1

Die Wissensgrundlagen des konstruktiven Könnens

Wird der Wert und die Wichtigkeit einer geistigen Technik danach beurteilt, wieviel an Denkarbeit, die ohne Kenntnis dieser Technik immer wieder neu zu leisten wäre, erspart wird, dann muß im Bereiche der mechanischen Industrie die Technik des Konstruierens an erster Stelle genannt werden.

Der Umfang der Arbeit für ein gegebenes konstruktives Problem ist dadurch bestimmt, wie viele Hilfsgedanken in der Erinnerung fertig zur Verfügung stehen und wieviel neu kombiniert werden muß. Die Möglichkeit der Verminderung weniger hochwertiger — weil nicht origineller, öfter wiederkehrender — Denkarbeit durch eine gute Technik und eine dadurch ermöglichte stärkere Konzentration auf die schwierigeren, geistig hochwertigeren neuen Teilprobleme ist gerade bei der schöpferischen Tätigkeit des Konstruierens als Entlastungsmaßnahme von größter Bedeutung. Daher ist es das Ziel der Technik des Konstruierens letzten Endes, das Konstruieren — innerhalb der möglichen Grenzen — zu rationalisieren.

Auf welche Kreise von konstruktiv Tätigen eine solche Rationalisierung vor allem erstreckt werden muß, ergibt sich aus der grundsätzlichen Überlegung, daß sie dort anzusetzen ist, wo beim Einzelnen mit dem geringsten Lehraufwand die besten Fortschritte erzielt werden können, und wo andererseits die größte Zahl der Berufsträger tätig ist (Bild 64). Für Fachgebiete, welche konstruktiv noch nicht erstarrt, sondern noch frisch und entwicklungsfähig sind, ergab eine Untersuchung, daß bei einer Steigerung des konstruktiven Könnens von 50 auf 60% der Zeitaufwand für die Konstruktion eines bestimmten, beispielsweise zugrunde gelegten Erzeugnisses um 35% sinkt. Bei einer weiteren Steigerung des Könnens von 60 auf 70% beträgt die Zeitersparnis nur mehr 12% und nimmt immer weiter ab.

Da nun aber gerade die Berufsträger mit 50 bis 70% Können das große Heer der konstruktiv positiv Tätigen stellen, hat sich die Rationalisierung vor allem an diese zu wenden. Es ist ein glücklicher Zufall, daß in dieser Gruppe bei gleichem

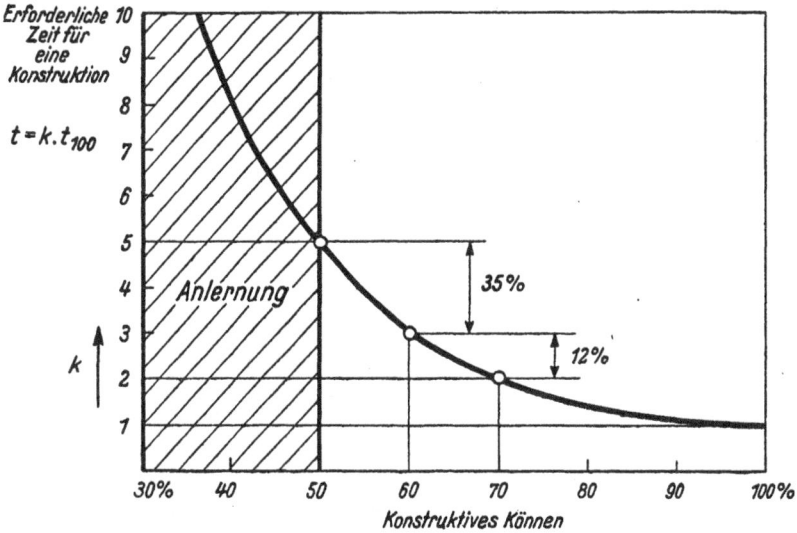

Bild 64. Zusammenhang zwischen dem konstruktiven Können und der für die Ausführung einer konstruktiven Arbeit erforderlichen Zeit. Bei 100% Können wird die Zeit t_{100} gebraucht. Der Zeitfaktor k ist eine Funktion der Beherrschung der Technik des Konstruierens.

Lehr- und Lernaufwand ungleich höhere Fortschritte erzielbar sind als bei höherem Niveau.

In diesem Zusammenhang besitzt wohl auch die Frage nach dem Verlauf der Zeitaufwandkurve unter 50% Können einige Bedeutung. Dazu ist zu sagen, daß mit 50% die Grenze der positiven Hilfe eines Mitarbeiters in Konstruktionsbüros gegeben ist. Unterhalb dieses Könnens bietet er keine Hilfe als Entlastung. In diesem Zustand muß er vielmehr als Anlernling betrachtet werden, welcher die Zeit eines erfahrenen, ihm helfenden Konstruktionsingenieurs stark in Anspruch nimmt. Dessen Zeit ist zu seiner eigenen Zeit hinzuzurechnen. Aus diesem Grunde steigt die Kurve unterhalb 50% sehr steil an. Bei 30% konstruktiven Könnens wäre der Eintritt in das

Konstruktionsbüro anzusetzen. Darunter verliert die Kurve
ihren Sinn.

Die Kurve des Bildes 64, die auf Grund einiger Vorversuche angenommen worden ist, hat mit einem Verlauf nach
einer *e*-Funktion, als der Gesetzmäßigkeit vieler Naturvorgänge
weitgehend entsprechend, viel Wahrscheinlichkeit für sich. Sie
gilt unter der Voraussetzung gleichbleibender Güte der konstruktiven Lösung. Würde diese Voraussetzung nicht getroffen,
dann würde die Kurve etwa von 70% Können ab wieder etwas
ansteigen, weil bei umfassenderen Kenntnissen die vorgegebenen
Betriebsaufgaben gründlicher zu lösen versucht werden würde

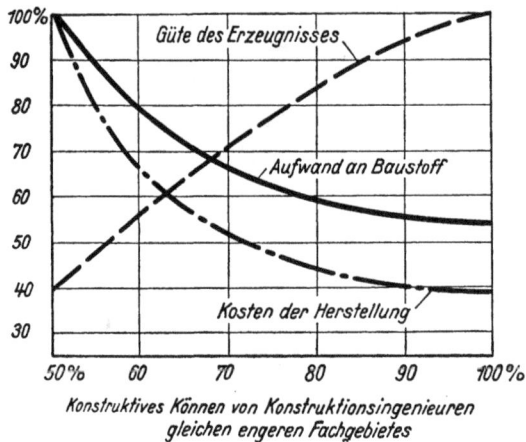

Bild 65. Einfluß des konstruktiven Könnens auf den Grad der Erfüllung
der Anforderungen.

und hierzu trotz höheren Könnens im allgemeinen mehr Zeit
erforderlich wäre.

Ähnlich wie für den Konstruktionszeitaufwand lassen sich
auch Kurven für die Güte des Erzeugnisses, also für den Grad
der Erfüllung der Betriebsanforderungen, sowie für den Baustoffinhalt, den Sparstoffinhalt und die Herstellkosten auf-
tragen (Bild 65). Alle diese Größen können durch zunehmende
Entwicklung in der Technik des Konstruierens günstig beeinflußt werden.

Einen unwiderleglichen Beweis dafür, daß Maßnahmen
zur Steigerung der Güte der Konstruktionstechnik vor allem

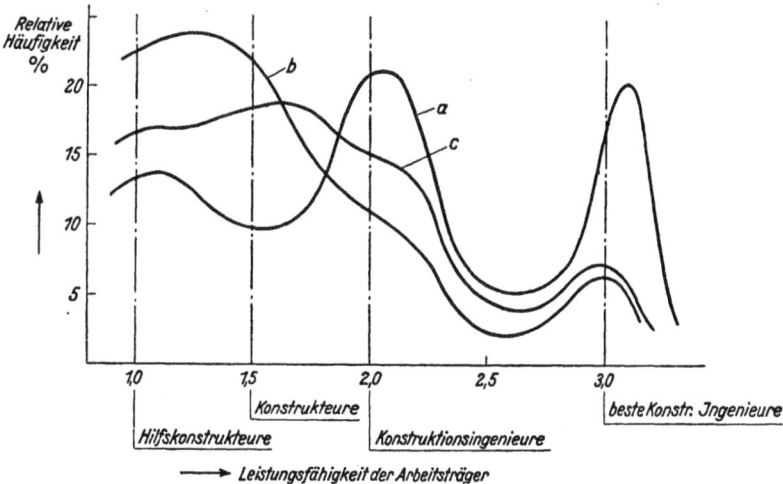

Bild 66. Relative Häufigkeit des Vorkommens der Arbeitsträger verschiedener konstruktiver Leistungsfähigkeit. *a* = Verteilung in dem Betrieb *A*, *b* = Verteilung in dem Betrieb *B*, *c* = Verteilung in dem Betrieb *B* nach innerbetrieblicher Schulung der Konstrukteure.

bei den unteren Leistungsstufen einzusetzen hat, liefert die Gegenüberstellung zweier Betriebe eines jungen, konstruktiv außerordentlich stark in Entwicklung begriffenen Fachgebietes (Bild 66).

Kurve *a* zeigt die relative Häufigkeit des Vorkommens der Arbeitsträger verschiedener konstruktiver Leistungsfähigkeit in dem Betrieb *A*, welcher seine Mitarbeiter aus einem großen Angebot sehr sorgfältig auswählen konnte. (Über die Bewertung der Anforderungsstufen der Arbeit wird später (Bild 70) noch zu sprechen sein. Die Leistungsfähigkeit der Arbeitsträger ist mit 1 bis 3 eingetragen, wobei der Stufe 1 . . . 3 (in Bild 66) die Werte 50% . . . 100% (in Bild 65) entsprechen.

Die Häufigkeitskurven für die Verteilung der Leistungsfähigkeit sind die angegebenen Idealkurven der tatsächlich festgestellten Treppenkurven für den Bereich 0,25. Die Feststellung erfolgte so, daß die beste konstruktive Leistungsfähigkeit innerhalb der untersuchten Büros mit der Zahl »3« bewertet wurde und alle anderen konstruktiven Arbeitsträger in ihrer Leistungsfähigkeit mit jener des besten Mannes verglichen wurden.

Die Kurve *b* bildet die Verteilung der Leistungsfähigkeit der konstruktiv Tätigen in einem ganz gleichartigen Betrieb *B* ab, der aber die größte Zahl seiner Mitarbeiter erst zu einer Zeit eingestellt hat, als das Angebot an solchen bereits wesentlich geringer geworden war.

Die stark ausgeprägten Spitzen der Kurve *a* treten ziemlich genau bei den typischen Anforderungsstufen der Arbeit im Betrieb *A* auf. D. h., daß diese erfahrungsgemäß ziemlich scharf voneinander getrennten Leistungsstufen jeweils durch eine Gruppe von Menschen bearbeitet werden, welche den dort herrschenden Anforderungen durch ihre besondere Leistungsfähigkeit in idealer Weise entsprechen.

Kurve *b* läßt dagegen erkennen, daß im Betrieb *B* bei gleicher Gesamtzahl an Arbeitsträgern viel zu wenig erstklassige und gute Konstruktionsingenieure arbeiten, daß dagegen weit mehr Konstrukteure und Hilfskonstrukteure vorhanden sind, als gebraucht werden. Dieser Betrieb *B* wird mit seinen Erzeugnissen — bei gleicher Zahl an verschiedenen Typen derselben wie im Betrieb *A* — unmöglich die Entwicklungsstufe des Betriebes *A* erreichen können.

Aus der Erkenntnis dieser Tatsachen ergibt sich als zwingende Notwendigkeit, die übergroße Spitze der Hilfskonstrukteure und Konstrukteure der Kurve *b* so zu verlegen, daß die höheren Anforderungsstufen besser besetzt werden. Dies bedeutet eine Aufgabe der innerbetrieblichen Erziehung und Schulung.

Durch strenges Aussuchen der zwar noch nicht sehr leistungsfähigen, aber konstruktiv entwicklungsfähigen Arbeitsträger und intensive Weiterbildung der Letzteren in den wissenschaftlichen Grundlagen und in der Technik des Konstruierens läßt sich nach praktischen Erfahrungen des Verfassers in verhältnismäßig kurzer Zeit die Verteilungskurve *c* erreichen. Diese stellt schon eine viel bessere Anpassung zwischen den vorhandenen Aufgaben und der Gesamtleistungsfähigkeit der Arbeitsträger dar. Aber auch der durch diesen Leistungsverlauf gekennzeichnete Zustand ist nicht der letztmögliche. Während aber die Konstruktionsingenieurmenge verhältnismäßig rasch wird weiter steigen können — durch Zufluß aus der Konstrukteurspitze — wird die Spitze der besten Konstruktionsingenieure dagegen nur langsam zu heben sein.

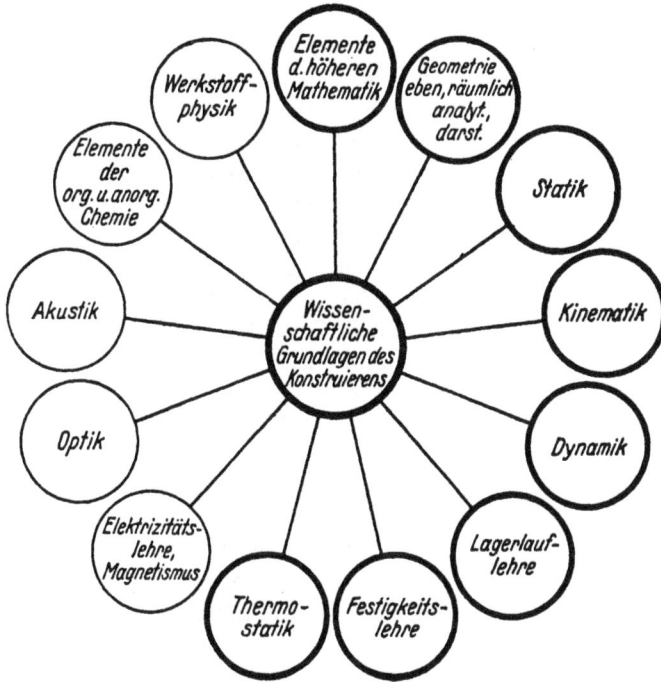

Bild 67. Grundlegende Wissensgebiete, deren mehr oder minder vollkommene Beherrschung für Konstruktionsingenieure unerläßlich ist.

Im vorstehenden wurde die Wichtigkeit der Vermittlung konstruktiven Wissens erörtert. Über diese Wissensgrundlagen selbst gilt das folgende:

Konstruktionswissenschaft (Konstruktionik) wird weder an Lehrkanzeln technischer Hochschulen gelehrt, noch gibt es Lehrbücher darüber. Da diese beiden Umstände nach allgemeiner Erfahrung die kennzeichnenden Merkmale einer Wissenschaft bilden, scheint es vielen, daß das Konstruieren nur eine Sache einer gewissen einfachen, geistigen Übung ist, die sich auf einigen praktischen Werkstatterfahrungen aufbaut.

Daß diese Ansicht vollkommen falsch ist, ergibt die Beobachtung der Praxis. Danach ist zum erfolgreichen Konstruieren mit höchstem Wirkungsgrad, wie es die deutsche Industrie heute verlangen muß, in erster Linie ein stark ausgeprägtes beziehendes Denken erforderlich, welches alle Erscheinungen nach Ursache und Wirkung verknüpft. Ein solches Denken ist aber ein wissenschaftliches Denken, wie es im allgemeinen nur durch eine ausreichende Beschäftigung mit den Naturwissenschaften erworben werden kann. Andererseits bildet auch der Besitz von Kenntnissen aus diesen und einer großen Zahl von Hilfswissenschaften eine unerläßliche sachliche Voraussetzung für das Konstruieren: Mathematik, ebene, sphärische und darstellende Geometrie, Physik, Elektrotechnik, Chemie, technische Mechanik, Getriebelehre, spezielle theoretische Maschinen- und Gerätelehre, Werkstoffkunde, Fertigungskunde, Korrosionskunde, Klimatologie, Physiologie und für konstruktive Sondergebiete fallweise auch noch andere Fächer wie Nahrungsmittelkunde, Chirurgie usw. (Bild 67).

Da das Konstruieren eine seit den Anfängen der Technik im weitesten Umfange ausgeübte Tätigkeit zahlreicher Ingenieure ist, würde es allen Gesetzen der Wahrscheinlichkeit widersprechen, wenn sich unter diesen nicht auch solche hätten finden sollen, welche die Grundtatbestände der konstruktiven Erfahrung in wissenschaftliche Verknüpfung hätten bringen können. Es ist zweifellos auffallend, daß die doch vorhandenen Erkenntnisse bis jetzt zu keinem geschlossenen und gesicherten Gebäude vereinigt wurden, wie dies mit den Erkenntnissen anderer Wissenschaften oft sehr schnell der Fall ist.

Die Ursache für das Fehlen der Konstruktionswissenschaft ist in der so weit verästelten komplexen Natur des Konstruierens selbst zu sehen. Je mehr Hilfswissenschaften zur Bewältigung der Probleme herangezogen werden müssen, um so schwieriger ist es, eine neue Wissenschaft zu erkennen und auch zu erlernen und um so größer ist die Neigung, die Lösung der Probleme der rein praktischen Erfahrung und dem Gefühl zu überlassen.

Andere technische Wissenschaften fanden viel einfachere Entwicklungsbedingungen vor. Die theoretische Maschinenlehre, z. B. der Wärmekraft-Kolbenmaschinen ist eine Synthese zwischen den wenigen Lehrgebäuden der Thermodynamik, der Kinematik, der Dynamik und Festigkeitslehre, wobei noch Mathematik und Geometrie als Hilfswissenschaften zweiten

Grades auftreten. Diese Maschinenlehre wurde vor hundert Jahren in Angriff genommen und konnte in wenigen Jahrzehnten zu großer Vollkommenheit ausgebaut werden.

Der entscheidende Fehler der ersten Versuche zur Erreichung einer Wissenschaft des Konstruierens bestand darin, daß diese nach dem Vorbild bereits vorhandener, schon weiter fortgeschrittener Wissenschaften geschaffen werden sollte. Die ganz eigenartige Vielseitigkeit des Konstruierens läßt dieses Bestreben heute als grundsätzlich falsch erkennen. Das Konstruieren kann als eine Geistestätigkeit ureigenen Gepräges nur nach eigenen Gesetzen gelehrt werden. Bei anderen Wissenschaften können für das Konstruieren — mit Ausnahme der Leistungen der Hilfswissenschaften — keine Anleihen gemacht werden. Würde von solchen ausgegangen, so wären Anschauung und Denken bereits nach bestimmten Richtungen orientiert und nicht mehr frei genug, um die Eigenart des konstruktiven Denkens zu erkennen.

Daß die Wissenschaft vom Konstruieren nicht nach Art einer der anerkannten, insbesonders mathematischen Wissenschaften aufgebaut werden konnte, darin ist im vergangenen Jahrhundert zweifellos ein innerer Mangel gesehen worden. Heute jedoch finden auch solche technischen Wissenschaften Anerkennung, in denen die Mathematik nur von sehr untergeordneter Bedeutung ist; ein sehr wichtiges Beispiel hierfür ist die moderne Zerspanungslehre. Ohne Mathematik kommen viele Wissenschaften aus — die wissenschaftliche Höhe der Chemie, Medizin oder Ästhetik wurde nie in Zweifel gezogen —, auf ein System und auf eine Methodik, also auf Ordnung und Klarheit, kann dagegen die theoretische Wissenschaft ebensowenig verzichten, wie ihre praktische Anwendung ohne Technik möglich wäre.

Ordnung und Klarheit im Denken zu vervollkommnen, sind in der schulmäßigen Entwicklung des Ingenieurs in erster Linie die mathematischen Wissenschaften: Mathematik, ebene Geometrie und darstellende Geometrie berufen. Sie bieten sowohl unmittelbare Arbeitsbehelfe, entwickeln aber auch das zum treffsicheren Konstruieren unbedingt nötige exakte Denken — Kombinieren, Schließen und Urteilen — vorzüglich. In sachlicher Hinsicht liefert die Mathematik dem Konstruktionsingenieur die Mittel für die Berechnung von Feldkräften, Festigkeitsaufgaben, Bewegungsgleichungen, Schwingungssystemen, für statistische Auswertungen von Versuchen usw.

Die ebene Geometrie ermöglicht die Lösung von aus der zeichnerischen Konstruktion sich ergebenden Formaufgaben und Maßeintragungsaufgaben.

Die darstellende Geometrie entwickelt vor allem die Fähigkeit des räumlichen Vorstellens[1]) der Teile und ist damit als einer der Grundpfeiler des Konstruierens zu betrachten. Eine bedeutende Verstärkung dieses Pfeilers durch das technische Schulwesen ist dringend vonnöten. Die darstellende Geometrie bietet aber auch die Methoden zur zeichnerischen Darstellung[2]). Insbesondere die Axonometrie (Perspektive) ist für den skizzierend arbeitenden Konstruktionsingenieur wegen ihrer Plastik und Anregungsmöglichkeit für weitere Gedankenkombinationen ein außerordentlich wertvolles Arbeitshilfsmittel[3]). Für die Werkstattzeichnung ist im allgemeinen hingegen die Auf- und Grundrißprojektion mit ihrer unverzerrten und einfachverzerrten Abbildung zweckmäßiger, da sie trotz zwei und mehr Rissen rascher zum Ziele der Festlegung führt. Der Einsatz von technisch wenig geschulten, oft nur angelernten Kräften an wichtigen Plätzen in der Werkstatt erfordert aber in vielen Fällen bereits auch in der Werkstatt das Arbeiten mit perspektiven (axonometrischen) Zeichnungen. In dieser Darstellungstechnik sollte daher jeder Konstruktionsingenieur Meister sein.

Von den Naturwissenschaften sind es vor allem die Lehrgebäude der Physik, in denen der Konstruktionsingenieur kein Fremder sein darf. Mechanik, Wärme, Elektrizität, Magnetismus, Optik oder Akustik stellen ihm bei jeder Arbeit Aufgaben (Bild 67). Diese Beziehung des Konstruierens zur Physik geht so weit, daß aus ihr sogar die Begriffsbestimmung hergeleitet werden kann: »Konstruieren ist technische Anwendung und Verwirklichung physikalischer Erkenntnisse.«

---

[1]) Vgl. Pirkl, Skizzieren als Mittel zur Erziehung zum Schöpferischen. Z. VDI 87 (1937), S. 1381.
[2]) Vgl. C. Volk, Das Maschinenzeichnen des Konstrukteurs. Berlin: Springer 1941.
[3]) Vgl. C. Volk, Die maschinentechnischen Bauformen und das Skizzieren in Perspektive. Berlin: Springer 1939.

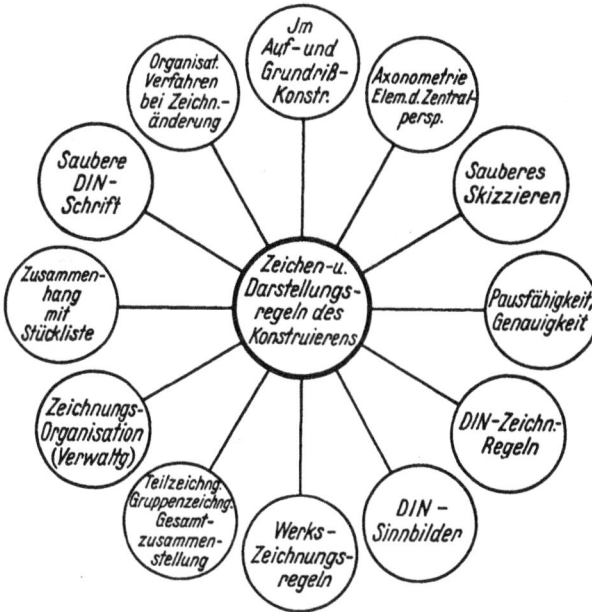

Bild 68. Erforderliche zeichnerische und organisatorische Kenntnisse bei konstruktiver Tätigkeit.

Daraus ergibt sich umgekehrt die Notwendigkeit, sich bei jedem wesentlichen konstruktiven Schritt auch die ihm zugrundeliegenden physikalischen Gesetze zu vergegenwärtigen bzw. sich einzugestehen, daß an dieser und jener Stelle theoretisch noch Lücken in der Erkenntnis bestehen.

Neben den wissenschaftlichen Grundlagen der Konstruktion, muß der Konstruierende — sobald er für die Werkstatt konstruiert — auch gewisse zeichentechnische und organisatorische Regeln beachten (Bild 68). So ist es z. B. erforderlich, daß auf Zeichnungen, von denen Lichtpausen gemacht werden, die Bleistiftstriche in der Durchsicht gegen das Papier genügend kontrastreich sind. Es ist andererseits auch notwendig, daß die DIN- und die Werks-Zeichnungsregeln, sowie die DIN-Sinnbilder für abgekürzte Darstellungen eingehalten werden. Es ist ferner erforderlich, daß das jeweils vorgeschriebene oder übliche Zeichnungssystem der Hauptzusammenstellungen, Teilzusammenstellungen, Einzelteilzeichnungen, Lieferantenzeichnungen, Schweißzeichnungen, Zuschnittzeichnungen, Stücklisten usw. klar übersehen wird.

Fast alle Ingenieure der mechanischen Industrie haben sich in irgendeinem Maße mit konstruktiven Erzeugnissen zu befassen. Sie besitzen, wenngleich sie die konstruktive Durchbildung auch nicht immer selbst tragen, dennoch sehr oft die Möglichkeit, weitgehend darauf Einfluß zu nehmen. Daher sind konstruktive Kenntnisse nicht nur für den Konstruktionsingenieur allein erforderlich; die Grundlagen dieses Wissens bilden für alle Ingenieure, die mit ihm erfolgreich zusammenarbeiten müssen, und besonders für jene, welche Unterlagen für seine Arbeit schaffen, eine unentbehrliche Voraussetzung. Die Technik des Konstruierens ist dagegen vor allem für die Konstruierenden, also insbesondere für die Konstruktionsingenieure von Bedeutung.

XIII. Anhang 2

Technik und Begabung beim Konstruieren

Die Regeln der Technik des Konstruierens werden beim praktischen Konstruieren nützlich sein können. Ob sie dem einzelnen aber wirklich Nutzen bringen und wie weit sie zu helfen vermögen, hängt nicht nur von der Güte der Regeln, sondern auch von der grundlegenden Beanlagung des Konstruierenden, vom Menschen selbst, ab.

Die Technik des Konstruierens gipfelt darin, als Grundhaltung des Denkens Ordnung und Klarheit zu fordern. Viele Menschen weichen aber, obzwar sie dazu geistig sehr wohl imstande wären, klarem Denken aus inneren seelischen Gründen aus. Sie lehnen Regeln, so nützlich und arbeitssparend sie ihnen auch erscheinen mögen, wegen ihres Zwanges zur Selbstkritik innerlich ab. Sie ziehen es vor, im Unklaren zu arbeiten und beruhigen sich — sofern sie überhaupt so weit denken — mit dem Selbstbetrug, daß alle guten Einfälle und schöpferischen Gedanken doch nur von einer transzendenten, irrationalen Kraft, von der Begabung zu erwarten sind.

Ohne etwas gegen die Bedeutung der Begabung für das Konstruieren sagen zu wollen, muß doch als klargestellt gelten, daß ein schöpferischer Geist, dessen Gedanken ungeordnet auftreten, der das Wesentliche nicht erkennen und auch nicht kritisch beurteilen kann, konstruktiv keine höheren Leistungen zu erzielen imstande ist, als ein geordnet denkender Kopf gleicher erfinderischer Begabung. Es ist durch nichts bewiesen, daß klares Denken die konstruktiv schöpferischen Einfälle verhindern kann.

Eine gute Technik im Konstruieren fördert die Entfaltung der irrationalen schöpferischen Kräfte, indem sie den Geist von kleinen Nebengedanken — welche die Praxis zur

Durchführung der Verwirklichung aber unbedingt benötigt —
entlastet und gewährleistet darüber hinaus die Bildung jenes
Vorstellungskomplexes, aus dem als der Mutterlauge gleichsam
der Kristall der schöpferischen Idee ausfällt.

Als eine Grundvoraussetzung erfolgreicher konstruktiver
Tätigkeit war eine beziehende Denkweise erkannt worden.
Diese nimmt die Vorgänge, Tatsachen und Erscheinungen
nicht als gegeben hin, sondern sucht nach ihrer Ursache und
versucht deren Wirkungen vorherzusagen und vom einzelnen
Fall auf den allgemeinen Fall zu schließen. Dieses Denken
muß nicht immer bewußt ablaufen; bei unzähligen Dingen
sind in der Erfahrung Ursache und Wirkung so klar miteinander verknüpft, daß der Zusammenhang bewußt nicht aufgesucht werden muß. Notwendig ist aber eine stets wache
Selbstkritik, damit das bewußte Denken auch wirklich an
jenen Stellen der Gedankengänge einsetzt, wo eine Verknüpfung nicht mehr bekannt ist.

Zweitens ist neben der wissenschaftlichen Denkausrichtung und dem umfangreichen im Gedächtnis niedergelegten
Wissen die Fähigkeit unerläßlich, Lösungspläne für einzelne
Konstruktionselemente und vollständige Erzeugnisse im Geiste
rasch aufzustellen, sie rasch zu durchlaufen und zu beurteilen.
Es ist möglich, mit Hilfe von schulmäßigem Wissen und mit
eingedrillter Methodik konstruktive Aufgaben zu lösen. Wenn
aber bedacht wird, daß für jedes kleinste Teil eines Erzeugnisses
ein umfangreicher Lösungsplan aufgestellt werden müßte, und
daß sich auch die Lösungspläne der einzelnen Konstruktionselemente untereinander beeinflussen, dann ist zu erkennen,
daß die schulmäßige Methode ohne Übung bis zum unbewußten
Ablauf bei Konstruktionen, welche aus Hunderten von Teilen
bestehen, Monate zu ihrer Lösung benötigen würde. Das bewußte Durchlaufen der Lösungspläne ist in der industriellen
Praxis undurchführbar. Es ist daher die Fähigkeit erforderlich, daß dieses planmäßige Durchlaufen der Lösungspläne
bei einer großen Zahl von häufiger auftretenden Konstruktionselementen unbewußt erfolgt. Hieraus ergibt sich jene
Geschwindigkeit des Konstruierens, ja jenes oftmals schlagartige Angeben einer brauchbaren konstruktiven Lösung,
welche den fertigen Konstruktionsingenieur auszeichnet.

Wird nun aus allen diesen Überlegungen, welche nicht den höchsten Gütegrad, sondern den häufigsten Fall des Konstruktionsingenieurs betreffen, die Schlußfolgerung gezogen, so muß sie besagen: Das Konstruieren ist eine Tätigkeit, welche hohe Anforderungen an die geistigen und charakterlichen Eigenschaften des Ausübenden stellt. Es sind dies aber durchaus keine ganz eigenartigen, nur für diesen Beruf allein notwendigen Eigenschaften und noch viel weniger seltene Eigenschaften.

Diese Erkenntnis ist wichtig, denn sie klärt uns darüber auf, daß die Entwicklung der Technik nicht nur durch die wenigen sogenannten genialen — in Wirklichkeit meist durch zufällige günstige Umstände erfolgreichen — Köpfe jedes Jahrhunderts weitergetrieben werden muß, sondern daß auch die anderen guten Ingenieure ihren wesentlichen Anteil beisteuern können. Wäre es anders, so wären wir sehr übel dran, denn diese wenigen Genialen würden nicht ausreichen, alle konstruktiven Aufgaben zu lösen. Gerade diese letzte Überlegung läßt es notwendig erscheinen, das Problem der konstruktiven Begabung auch einmal von einer anderen Seite her, nämlich von der Beurteilungsseite zu betrachten.

Die Ingenieur-Nachwuchsfrage hat in den letzten Jahren eine solche Bedeutung erlangt, daß fast alle großen Betriebe eigene Sachbearbeiter für diese Aufgabe eingesetzt haben. Ein großer Teil ihrer Untersuchungen bezog sich auf das konstruktive Aufgabengebiet des Ingenieurs. Überraschenderweise stimmen nun die Äußerungen der verschiedenen Referenten gerade auf diesem Gebiet sehr weitgehend überein. Die Mutmaßung dürfte daher nicht weit fehlgehen — wenn gleichzeitig die außerordentliche Schwierigkeit der Bewertung und Definition der konstruktiven Arbeit in Betracht gezogen wird, zu welcher die eingesetzten Fachreferenten sicher nur in wenigen Fällen das erforderliche Rüstzeug mitgebracht haben können —, daß die große Mehrzahl dieser Feststellungen gar keine eigenen Erkenntnisse wiedergibt, sondern daß sie lediglich freie Wiederholungen von bereits von anderen geäußerten Gedankengängen darstellen. Damit konnte nicht das erreicht werden, was man eigentlich wollte: Die Herausstellung der Art und Höhe der konstruktiven Tätigkeit, der Besonderheiten der Konstruktion im Betrieb der Referenten.

Es wurde der Ausdruck »schöpferisch« kritiklos leichthin allgemein für das Konstruieren verwendet und damit auch auf in Wirklichkeit ganz einfache Denkvorgänge bezogen.

Der größte Teil der konstruktiven Arbeit verdient das Prädikat »schöpferisch« bei weitem nicht. Diese Aussage ist vielmehr früher nur solchen Leistungen zugeordnet worden, welche den Ewigkeitswerte tragenden Leistungen der Kunst vergleichbar waren. Würde dieser früher allein übliche hohe Maßstab an das Wort »schöpferisch« nicht mehr angelegt werden, dann bedeutet seine Anwendung auf wirklich große konstruktive Leistungen eine Bagatellisierung und Erniedrigung. Nach dem heutigen abgewerteten Gebrauch des Wortes läßt sich sogar die Anfertigung einer Stückliste bereits als schöpferische Leistung definieren.

Sucht man in diesen Berichten nicht nach dem unverwirklichten Wollen, sondern nimmt man sie, wie sie sind, wörtlich, dann beziehen sich alle diese Berichte und Forderungen auf den genialen Konstruktionsingenieur. Obwohl dieses Problem durchaus nicht das Hauptproblem der konstruktiven Nachwuchsfrage darstellt, soll doch dazu auch Stellung genommen werden.

In diesem Problem gibt es einen einzigen wichtigen Punkt: Wie erkenne ich die Fähigkeiten, die bei entsprechender Schulung ihren Träger zum genialen Konstruktionsingenieur machen? Wie kann verhindert werden, daß ein hoch beanlagter Mensch in einer kleinen Betriebsstelle zwar die ihm durch den Zufall zugewiesene Arbeit auftragsgemäß zufriedenstellend erledigt, aber seine hohen Fähigkeiten sachlich ungenützt läßt und sie höchstens in seiner Freizeit als Musiker, Maler oder Bastler zur Entfaltung kommen lassen darf?

Es gibt wohl einen Weg. Er wird aber bisher nicht gegangen, weil es uns Ingenieuren — es muß dies ganz offen ausgesprochen werden, auch auf die Gefahr hin, daß die Träger anderer Berufsgattungen darin eine Bestätigung ihrer oft vorgebrachten Behauptungen sehen können — an gründlicher Allgemeinbildung mangelt. Wir wissen gar nicht, welche Möglichkeiten uns andere Wissenschaften zur Verfügung stellen können. Dadurch ist es in erster Linie zu erklären, daß eine so überwiegend auf geistig-seelischen Voraussetzungen beruhende Betätigung, wie sie die konstruktive Arbeit darstellt, nicht schon längst als eine vor allen Dingen psychologisch zu betrachtende Tätigkeit gewertet wird.

In zweiter Linie aber wohnt fast jedem Menschen eine gewisse Ablehnung inne, sich mit Dingen zu befassen, die ihm schließlich einen Blick in sein innerstes Ich eröffnen könnten. Dieser a priori-Widerstand braucht in diesem Zusammenhang nicht mobilisiert werden. Wir brauchen keine Seelenanalyse, wir wollen gar nicht wissen, warum diese oder jene geistig-seelische Beanlagung da ist, wir wollen gar nicht wissen, welche Beanlagungen überhaupt da sind, wir brauchen nur ein einfaches, ingenieurmäßig handfestes Verfahren, um einige wenige, ganz bestimmte Beanlagungen, die zusammen eben die Fähigkeit zum Konstruieren ergeben, bei jungen Leuten mit guter Wahrscheinlichkeit festzustellen.

Vergessen wir nicht, daß wir von der Frage der Erkennung der Eigenschaften eines genialen Konstruktionsingenieurs ausgegangen sind. Es könnte hierbei auf der einen oder anderen Seite die Frage aufgeworfen werden, wozu solche psychologischen Feststellungen? Wenn ein mit sachlich-genialer Beanlagung begabter Mensch auch einen ausreichend starken Charakter besitzt, dann wird er sich auch ohne zwangläufige Führung von außen, selbst in die für ihn richtige Bahn ein-steuern. Dieser Meinung kann man aber leicht die Wirklich-keit entgegenhalten: Jene Leute, die zwar alle geistigen Vor-aussetzungen für wertvollste Leistungen besitzen, denen aber — und dies ist gar kein Zufall, sondern sehr oft biopsychologisch bedingt — eine gewisse Härte im Lebenskampf gegenüber bru-taleren Menschen mangelt, werden fast immer zurückgestoßen werden und den richtigen Weg nie erreichen können. Ihre wertvollen konstruktiven Anlagen wären damit für die Gesamt-leistung des Volkes verloren.

Da die Wahrscheinlichkeit, daß in einem Menschen die höchsten geistigen Anlagen mit den höchsten charakterlichen Eigenschaften gekuppelt sind, nicht sehr groß ist, ergibt sich, daß die Gefahr des Verlorengehens genialer Beanlagungen tatsächlich beträchtlich sein muß.

Zu dieser Erkenntnis — gewonnen auf dem voraussetzungsgemäß beschränktem Gebiet der genialen Beanlagungen — tritt die genau gleiche Erkenntnis von dem praktisch weit wichtigeren Gebiete der im strengeren Sinn nicht genial, sondern »nur« guten Konstruktionsingenieure.

Während nämlich der geniale — also hochbegabte — Mensch auch in hochentwickelten Völkern doch nur einen Extremfall der Natur darstellt (Bild 69), treten die Träger mittlerer, guter und sehr guter Fähigkeiten ungleich weit

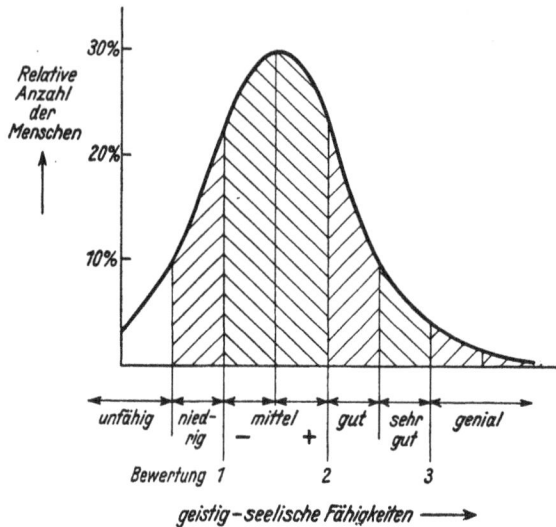

Bild 69. Relative Verteilung der Träger verschiedener geistig-seelischer Eigenschaften bei einem hochentwickelten Volk (angenäherte ideale Verteilungskurve, ermittelt für die eingezeichneten Bereiche).

häufiger in Erscheinung. Andererseits ist zur Bewältigung der Gesamtheit aller im Volke vorliegenden konstruktiven Arbeiten eine praktisch unendlich viel größere Zahl von konstruktiv Tätigen erforderlich, als geniale Köpfe von der Natur überhaupt zur Verfügung gestellt werden. Damit der Gesamtaufgabe auch nur annähernd durch die Gesamtleistungsfähigkeit der Bearbeiter das Gleichgewicht gehalten werden kann, müssen die zwar nichtgenialen, aber guten und sehr guten Fähigkeitsträger als die entscheidend wichtigen Bearbeiter herangezogen werden.

Damit scheint eindeutig bewiesen, daß das Problem des Konstrukteurnachwuchses nicht richtig gesehen wird, wenn es nur auf die hochschöpferischen, also genialen Kräfte bezogen wird. Die Leistung des großen Heeres der Konstruktionsingenieure und Konstrukteure, die mit ihrem klaren Verstande, ihrem soliden, gründlichen Wissen, ihren umfassenden praktischen Erfahrungen Schritt für Schritt die Entwicklung weitertreiben und so im ganzen gesehen die Technik zu höchst beachtlichen Fortschritten führen, diese Leistungen hat man oft übersehen, weil es hierfür keine einfachen Formeln und Schlagworte gibt. Die genialen Gedanken der wenigen ganz großen Konstruktionsingenieure, denen — auch wieder nicht zufällig — oft genug das Interesse an der so schwierigen Detailarbeit fehlt, würden dem allgemeinen Fortschritt nur sehr wenig nützen, wenn nicht sofort von tausenden tüchtigen Konstruktionsingenieuren diese neuen Gedanken neidlos und sachlich begeistert aufgenommen würden und diese ihnen in unermüdlicher Arbeit die feste Basis schafften, die jeder auch noch so große Gedanke benötigt, um wirklich fruchtbar zu werden.

Wenn also ein Problem des Konstrukteurnachwuchses behandelt werden soll, dann muß es vor allem das Problem des guten Konstruktionsingenieurs sein. Hier treten aber genau die gleichen Schwierigkeiten auf wie beim genialen Konstruktionsingenieur: Wie erkennt man den gut beanlagten Konstruktionsingenieur? Wer steuert ihn in die Bahn des Konstruktionsbüros? Und wieder kann man nur achselzuckend antworten: Der Zufall.

Gehört jetzt nach diesen Feststellungen noch sehr viel Mut dazu, es auszusprechen, daß es ein Verbrechen am Volke ist, wenn es auch weiterhin dem Walten blinder Mächte überlassen bleiben soll, ob die von anderen Mächten dem Volke gestellten Aufgaben gelöst werden können oder nicht, wenn anders die Möglichkeit nicht ausgeschlossen ist, eine bewußte, willkürliche Steuerung der Begabten vorzunehmen?

Die Konstruktionseignungsprüfung wäre die eigentliche Kernfrage des Konstrukteurproblems; die ausgeklügeltsten Lehrpläne, die besten, industrienahesten Lehrer sind zwecklos, wenn die Schüler nicht da sind, welche durch diese Mittel das werden können, was man erwartet: Gute Konstruktionsingenieure.

Die Aufgabe dieser Eignungsprüfung ist aber auch negativ von größter Bedeutung. Es ist nämlich nicht nur eine Fehlleitung von konstruktiv begabten Köpfen in einen anderen als den konstruktiven Beruf zu verhindern, sondern es ist ihre auch sehr wichtige Aufgabe, zu verhindern, daß konstruktiv unbegabte Köpfe überhaupt in das Konstruktionsbüro gelangen, weil sie die dort eingesetzten guten Arbeitskräfte längere Zeit empfindlich, ohne auch wirklich zu helfen, stören, bei erster Gelegenheit wieder ausscheiden, aber doch vorher und nachher durch ihr unverständiges Gerede den Ruf der konstruktiven Arbeit untergraben.

Bis jetzt hat man sich damit begnügt, einen Konstruktionsanwärter auf Grund des gesunden Menschenverstandes und auf Grund von Zeugnissen als geeignet oder als ungeeignet festzustellen. Wie mangelhaft diese Auswahlmethode ist, braucht kaum erörtert werden. Es ist bekannt, daß in 65% aller untersuchten Fälle völlig abweichende Urteile auftreten, trotzdem die Auswahl von gleichartig vorgebildeten und durch gleiche gedankliche Ausrichtung geleitete Personen vorgenommen wird. Gelänge es, durch eine Konstruktionseignungsprüfung die Zahl der Fehlurteile auf 20% zu drücken, dann wäre der Industrie schon ausreichend geholfen.

Nach allen bisherigen Erfahrungen muß angenommen werden, daß Methoden gefunden werden können, welche diese Aufgabe erfüllen. Diese Aufgabe der Prüfung ganz bestimmter Fähigkeiten für eine ganz bestimmte Betätigung ist wesentlich enger gespannt als die gegenteilige Aufgabe der Arbeitspsychologie: festzustellen, für welchen Beruf sich jemand überhaupt eignet. Trotzdem dürfen die Schwierigkeiten nicht unterschätzt werden.

Die Prüfung sollte sich — dies ist immer wieder zu betonen — auf die Feststellung der Begabung vor Ausübung und Erlernung konstruktiven Wissens beschränken. Diese letztere Bedingung ist deshalb notwendig, weil bei konstruktiv bereits Tätigen schwer zu entscheiden ist, was auf Grund einer angeborenen Begabung oder auf Grund bereits erworbenen Wissens geleistet wird. In diesen letzteren Fällen wird mit einfachen Mitteln, über die Entwicklungsfähigkeit nur schwer etwas zu erfahren sein. Hier wird nur eine sehr eingehende Betrachtung der Gesamtpersönlichkeit Aufschlüsse geben können. Dieser letztere Umstand ist von großer Bedeutung bei der innerbetrieblichen Schulung des Konstrukteurnachwuchses, da bei dieser nicht sämtliche Schulungsbedürftigen, sondern nur die Schulungswürdigen, also die konstruktiv Begabten herangezogen werden sollten. Die Beteiligung der nicht wollenden, konstruktiv Unbegabten würde den Lehrerfolg mit Sicherheit verhindern, wie die praktische Erfahrung bewiesen hat.

Die Frage der Eignungsprüfung mußte berührt werden, um zu zeigen, daß es sich lohnt, den Begriff »konstruktive Begabung« noch näher zu untersuchen. Wenn diese Gedanken auch nur mehr mittelbar mit der Technik des Konstruierens zusammenhängen, so erscheint diese Befassung doch wichtig genug, um die in dieser Beziehung herrschende Unkenntnis und Unsicherheit endlich einmal zu beseitigen.

Konstruktive Begabung ist keine einfache Eigenschaft, sondern eine Summe verschiedener geistig-seelischer Fähigkeiten. Dieser Komplex von Fähigkeiten, die als solche in irgendwelchem Maße in jedem geistig gesunden Menschen vorhanden sind, muß eine ganz bestimmte Struktur haben, damit die Gesamtfähigkeit zur Lösung konstruktiver Aufgaben gegeben ist.

Rein überlegungsmäßig wäre zu vermuten, daß von den einfachsten Arbeiten des Konstruktionsingenieurs bis zu dessen schwierigsten Aufgaben eine stetige Entwicklungslinie der Anforderungen führt, daß es sich also in den verschiedenen Kategorien der konstruktiven Tätigkeit lediglich um graduelle, aber proportionale Unterschiede innerhalb derselben Beanlagungsanforderungen handelt. Die genauere Untersuchung zeigte dagegen, daß die verschiedenen Schwierigkeitsstufen (Neuentwicklung, Weiterentwicklung usw.) kein proportional verzerrtes, sondern ein unähnliches Spektrum an Beanlagungen fordern (Bild 70).

Besondere Anforderungen stellen die konstruktiven Arbeiten an folgenden Funktionen: Vorstellen, Kombinieren,

Urteilen und Schließen, Aufmerksamkeit, Gedächtnis, allgemeine Intelligenz, Willenshaltung, charakterliches Verhalten, Temperament. Für jede dieser Komponenten konnten von seiten der Arbeit her drei Anforderungsgrade ermittelt werden.

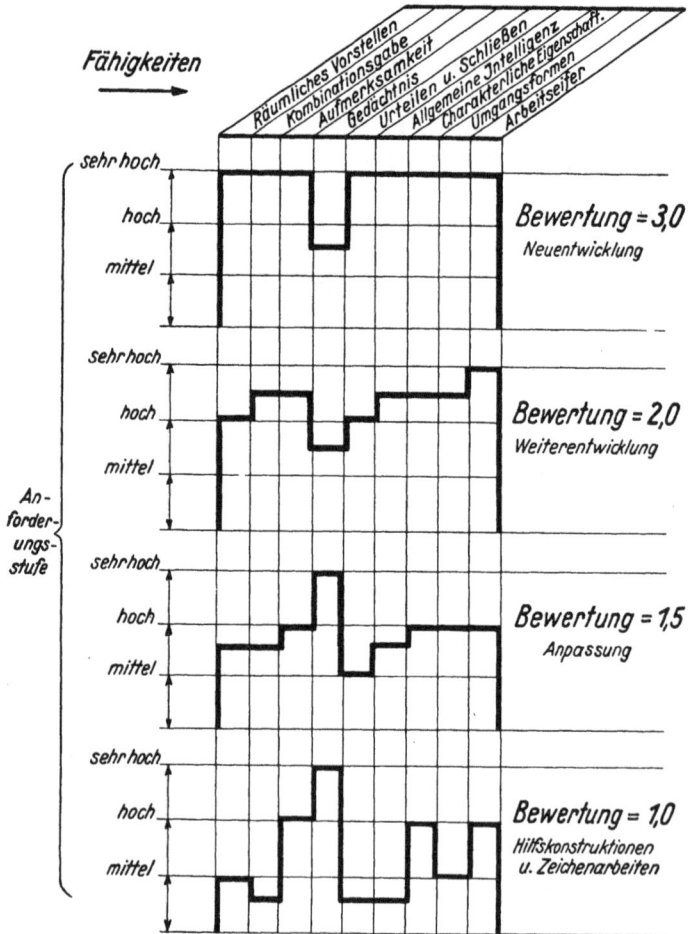

Bild 70. Anforderungen der verschiedenen konstruktiven Stufen an die einzelnen Teilfähigkeiten der konstruktiven Begabung.

Vorstellen. Alle industriellen Konstruktionen, Maschinen und Geräte stellen dreidimensionale Gebilde dar. Die Bewegungen, welche einzelne Konstruktionsglieder ausführen können, verlaufen meist in ebenen Bahnen, seltener räumlich. Es treten neben Drehungen und geradlinigen Schiebungen auch Bewegungen auf allgemeinen komplizierten Punktbahnen auf. Die Bewegungen sind gleichförmig, periodisch oder stoßartig. Die mechanischen Kräfte sind statischer und dynamischer Art. Sie werden am unübersichtlichsten bei Stoßvorgängen. Elektrische, magnetische und andere Felder erzeugen mechanische Kräfte, deren Ursache und Wirkung vorstellungsmäßig erfaßt werden muß.

Neben diesen geometrischen und physikalischen Vorstellungen müssen klare Bilder entstehen können über die Betriebsbedingungen, denen das Erzeugnis zu genügen hat, über Vorgänge bei der Herstellung, über die Gedanken und Gefühle derjenigen Menschen, die mit diesen Erzeugnissen zu tun haben.

Die geringste Leistung, welche eine konstruktive Arbeit vom räumlichen Vorstellen verlangt (Bild 70, Anforderungsstufe mittel), besteht darin, einfache technische Körper vorzustellen, deren geometrische Grundformen Quader, Zylinder, Kegel usw. noch gut erkennbar sind. Die Vorstellung muß sich auf Grund von Zeichnungen oder mündlichen Beschreibungen so klar entwickeln, daß mit diesen vorgestellten Objekten geistige Operationen — Gruppierung, Veränderung usw. ausgeführt werden können. Auf dieser Stufe wird auch die Vorstellung von einfachen Drehbewegungen und Schiebungen verlangt. Vorstellungen über die inneren mechanischen Wirkungen von Kräften, über die Werkstoffbeanspruchung werden hier noch nicht gefordert. Dagegen müssen die Vorstellungen von Kraft und Last klar entwickelt sein. Ferner müssen die Betriebsbedingungen und Herstellverfahren in lebhaften Erinnerungsbildern auftreten.

Schärfere Bedingungen (Stufe hoch) werden gestellt, sobald komplizierte technische Formen mit Verschneidungen und Durchdringungen höherer geometrischer Körper, wie allgemeine Drehkörper, Wulstflächen, Schraubflächen usw. vorgestellt werden müssen. Gleichzeitig wird auch eine hohe

Vorstellbarkeit von Bewegungen verlangt. Es müssen ganz deutlich übersehen werden können die gleichzeitigen Bewegungsvorgänge in den einzelnen Gliedern zusammenhängender kinematischer Ketten. Neben der Raumvorstellung sind aber auch bereits Kraftvorstellungen über die in den Gliedern wirkenden Kräfte nötig; sie bleiben aber noch auf statische Kräfte beschränkt. Vorstellungen über die Spannungen in beanspruchten Baustoffen, den Einfluß der Gestalt auf diese, sowie über die Verformungen sind auf dieser Stufe bereits unerläßlich.

Die letzte, oberste Stufe (Stufe: sehr hoch) erfordert nicht nur ein inneres räumliches Sehen einzelner komplizierter Körper, sondern das gleichzeitige Überblicken ganzer Körperkomplexe von gänzlich unregelmäßiger Anordnung. Ferner müssen die kompliziertesten Bewegungsvorgänge nicht nur mehr kinematisch gefaßt werden, sondern mit jeder Bewegung ist auch eine bis ins letzte klare Vorstellung der bewegenden Kräfte und deren Ursachen und Wirkungen zu verbinden. Die Vorstellungen von Kraft, Masse, Trägheit, Widerstand usw. müssen restlos beherrscht werden.

Kombinieren. Neben der Fähigkeit des Vorstellens noch nicht vorhandener oder auch nur skizzierter Gebilde sowie des Ablaufes von Vorgängen steht das Kombinieren als Hauptbestandteil jeder schöpferischen Phantasie. Dieser Begriff ist nicht so fest umrissen, als daß die Forderung danach eingehender behandelt werden könnte. Jedenfalls handelt es sich aber um jene Funktion, welche aus den ins Bewußtsein zurückkehrenden Erinnerungsbildern, durch Verknüpfen und freies Umformen Vorstellungsbilder schafft, die bis dahin weder von außen als Wahrnehmungen zugeführt, noch im Innern selbst gebildet worden sind.

In der untersten Stufe (mittel) wird gefordert, vorhandene Bauelemente, also Einzelteile oder Teilapparate, die z. B. zeichnerisch vorgegeben sind, nach gewissen, wechselnden Richtlinien — z. B. Unterbringung auf kleinster Grundfläche — zu gruppieren und durch einfache neu zu schaffende Ergänzungsteile, die sich aber im grundsätzlichen an Bekanntes anlehnen, etwa zu verbinden. Dabei erstreckt sich das Kombinieren mehr auf die Findung der geometrischen Formen als auf die Wahl geeigneter Baustoffe und Arbeitsverfahren. Die zu findenden Teile verlangen aus Wirkungsgründen solche meist ganz eindeutig.

In der höheren Stufe (hoch) muß — allerdings meist mit stark abweichenden Vorbildern — Neues geschaffen werden. Es handelt sich dabei nicht mehr um ein Variieren der Merkmale des Vorbildes wie in Stufe mittel. Es wird vielmehr durch das Vorbild nur die Lösungsrichtung angedeutet, in welcher die neuen Vorstellungen liegen müssen. Hier ist das Kombinieren schon ziemlich schwierig, weil der gesamte Aufgabenplan (Bild 26) energisch Berücksichtigung erfordert.

Die letzte Stufe (sehr hoch) allein ist die schöpferische Stufe. Es muß Neues geschaffen werden, ohne daß Vorbilder oder irgendwelche Lösungsideen vorgegeben sind. Gerade in dieser Stufe tritt der wesentliche Unterschied zwischen dem konstruktiven Kombinieren und dem künstlerischen Kombinieren stärkstens ins Bewußtsein: Der Termin für die Beendigung der Konstruktion. Den industriellen Konstruktionsingenieur treibt nicht nur der innere Dämon des Schöpfers[1]). Ihm sitzt ein äußerer Dämon im Nacken; das Lebenstempo der Nation. Dieser Dämon verlangt den Ablauf schöpferischer Vorgänge innerhalb vorbestimmter Zeiten. Hier gibt es kein auf »Einfälle« oder auf »Inspiration« warten, wie es dem Einzelgänger-Ingenieur und dem freischaffenden Künstler gewährt ist. Zum Beispiel verlangt die Luftwaffe ein neues Gerät in längstens zwei Monaten zur Erprobung. Was das für ein Gerät sein soll, darüber hat sich der Auftraggeber vielleicht noch gar keine klare Vorstellung gemacht. Es muß nur eine bestimmte Aufgabe erfüllen. Wie? Das ist Sache des Konstruktionsingenieurs.

Urteilen und Schließen. Durch das logische Denken werden die Begriffe zu Urteilen und Schlüssen verbunden. Die ersteren stellen begründende Zusammenhänge her, wie z. B. die Welle ist im Lager nicht hoch belastbar, weil das Lagerspiel nicht auf die Viskosität des Schmiermittels abgestimmt

---

[1]) Vgl. Hellpach, Dämonie des Erfindens. Industrielle Psychotechnik Bd. 38 (1938), Heft 9/10.

ist. Schlüsse verbinden mehrere vorgegebene Urteile zu einem neuen. Ist ein zweites Urteil folgendes: Die Viskosität hängt von der Temperatur ab, so wäre ein Schluß: Die Lagerbelastungsfähigkeit hängt von der Temperatur ab.

Urteilen und Schließen sind, wie das Beispiel zeigt, für die konstruktive Arbeit ebenso wichtig wie das Kombinieren. Ohne Befähigung zu diesen geistigen Leistungen kann zwar bei starker Kombinationsbeanlagung eine Art geistiger Hochspannung vorhanden sein, die aber zu keiner Wattleistung führen wird. Von der Fähigkeit zum Urteilen und Schließen hängt auch die mögliche Kritik an der eigenen Arbeit ab. Wie wichtig diese ist und an wieviel Stellen sie einzusetzen hat, das wurde im Abschnitt V gezeigt.

In der untersten Stufe wird die Fähigkeit verlangt, zu beurteilen, ob eine Teilkonstruktion herstellbar ist und ob sich die einzelnen Teile ohne Nacharbeiten zusammenbauen lassen. Ferner muß die Fähigkeit zu einer zuverlässigen Zeichnungsselbstkontrolle bestehen. Entsprechend den mit dieser Stufe gekuppelten geringeren Anforderungen an Vorstellen und Kombinieren werden auch die Schlüsse und Urteile einfacherer Natur sein und werden vor allen Dingen auf darstellendem und technologischem Gebiet auftreten. Sie werden ungefähr dem Denken des sogenannten gesunden Hausverstandes entsprechen.

Auf der höheren Stufe des Vorstellens und Kombinierens wachsen auch die Ansprüche an die logischen Funktionen. Es muß nicht nur bei Beendigung einer konstruktiven Arbeit, wenn also alle neuen Ideen zeichnerisch festgehalten sind, eine gedankliche Überprüfung der Ausführbarkeit, der Wirtschaftlichkeit und überhaupt der Erfüllung aller Betriebs- und Verwirklichungsanforderungen einsetzen: Diese Überprüfung muß schon bei jedem kleinsten Teilschritt vorgenommen werden. Jede aufkommende Kombination muß sofort auf brauchbar oder unbrauchbar erkannt werden. Es würde sonst ungeheuer viel Leerlaufarbeit durch Verfolgung sich später als in dem einen oder anderen Punkt unzweckmäßig erweisenden Ideen entstehen.

Stellt die konstruktive Arbeit die Bedingung, daß bei Erfüllung gewisser Annahmen über den späteren Weg des Erzeugnisses in der Fabrik und den Betrieb des Käufers — wobei diese Annahmen über die Arbeitsweise und Genauigkeit der Maschinen, die Sorgfalt der Arbeit, die Kenntnisse und den guten Willen der Betätigungspersonen usw. ebenfalls auf Schlüssen des Konstruktionsingenieurs aufgebaut sind und einen wesentlichen Teil seiner geistigen Arbeit bilden — nicht der geringste Fehler konstruktiver Ursache auftreten darf, dann ist die höchste Stufe der Anforderungen an das konstruktive Urteilen und Schließen ausgesprochen.

Gedächtnis. Starke Gedächtnisleistungen im Sinne von Behalten nicht sehr stark miteinander verknüpfter Vorstellungen werden von der eigentlichen konstruktiven Arbeit nicht gefordert. Sie können aber auf vielen Teilgebieten derselben kombinatorische Fähigkeiten weitgehend ersetzen. Sehr zahlreiche feste, assoziative Verbindungen scheinen das freie Kombinieren beeinträchtigen zu können und sind daher teils nützlich, teils schädlich. Daher scheint es zweckmäßig, diese auf grundsätzliche Zusammenhänge zu beschränken. Was aber behalten werden muß, das sind vor allem die Vorstellungselemente, die zum erfolgreichen Kombinieren in reicher Fülle zur Verfügung stehen müssen. Es wird kein langdauerndes Gedächtnis gefordert, aber es darf auf der anderen Seite auch nicht zeitlich so beschränkt sein, daß etwa die Aufgabenstellung oder die eben gefundene Kombination während des Festhaltens durch Skizzieren oder beim Aufkommen einer neuen Idee gleich wieder verloren wird.

In der untersten Anforderungsstufe an das Gedächtnis genügt es, wenn sich das Gefühl: »Etwas ähnliches, wie jetzt zur Lösung fehlt, habe ich doch schon irgendwo gesehen« einstellt. Das Suchen in der Erinnerung bringt schon die verschiedensten Kombinationen zustande, darunter auch leicht wertvolle.

In der höheren Stufe von Anforderungen an das Gedächtnis wird von diesem neben dem Behalten logischer Zusammenhänge auch das Behalten nur durch Systematik bezogenen Stoffes wie Normen und Vorschriften gefordert.

Die oberste Stufe verlangt das sichere Erinnern einer großen Menge innerlich nicht zusammenhängender Daten.

Aufmerksamkeit. An die Aufmerksamkeit stellen die konstruktiven Arbeiten allgemein recht hohe Anforderungen. Äußerlich betrachtet, ist die konstruktive Arbeit monoton. Die geistige Tätigkeit läuft ohne Sprechakt lautlos ab, und das Ergebnis dieser Tätigkeit wird zeichnerisch, also ebenso lautlos festgehalten. In dieser ruhigen Tätigkeit können ein lautes Gespräch in der Nähe Verhandelnder, Telefongeklingel, Rufe von der Straße her usw. die Aufmerksamkeit empfindlich stören. Die Gedanken reißen ab, die eben begonnene, befriedigend erscheinende Verknüpfung von Vorstellungen ist zerstört. Die Aufmerksamkeit hängt stark von der Gewöhnung und vom Temperament ab. Sie kann gestützt werden durch das Gefühl des Könnens, des Gelingens, durch die Liebe zur Sache.

Die Anforderungen an die Aufmerksamkeit dürfen weniger groß sein (Stufe mittel), wenn für die Arbeit ausreichende Unterlagen vorhanden sind, also Zeichnungen, Vordrucke, Listen, Tabellen usw., wenn also auch keine große, kombinatorische Tätigkeit verlangt wird. Tritt eine Ablenkung ein, so bringt ein Blick in die vorliegenden Unterlagen sofort die Erinnerung an die Aufgabe oder den bisher bereits verfolgten Lösungsweg zurück.

In der höheren Stufe (hoch), wo komplizierte Kombinationen auftreten, kann die Arbeit so geartet sein, daß sich für die gestellte Aufgabe mehrere, technisch ziemlich gleichwertige Lösungen finden lassen. Dann wird ein durch Störung verlorener und nur schwer oder nicht mehr wiederzufindender Lösungsgedanke zwar durch einen anderen ersetzt werden können, aber es wird sich ein empfindlicher Zeitverlust als die Folge mangelhafter Aufmerksamkeit einstellen.

In der obersten Stufe der konstruktiven Arbeit (sehr hoch) wird ein Höchstmaß an konzentrativer Aufmerksamkeit verlangt. Geht eine nach stunden- oder tagelangem geistigem Ringen eben zaghaft gefaßte Kombination durch äußere Ablenkung oder aus mangelnder innerer Konzentration verloren, dann verursacht die Wiederauffindung des Weges einen Zeitaufwand von vielleicht dem schon bisher erforderten Umfang. Ein leicht ablenkbarer Kopf wird auch bei bester kombinatorischer Beanlagung sehr viel Leerlauf haben und das Ziel nur langsam oder unvollkommen erreichen.

Allgemeine Intelligenz. Unter diesem Begriff sollen
weitere geistig-seelische Fähigkeiten zusammengefaßt werden,
wie Anpassungs- und Übungsfähigkeit, Einsicht und Um-
sicht, Selbständigkeit und Klarheit. Bei Industrien mit stark
wechselnden, stets neuartigen Aufgaben, insbesondere beim
heutigen Mangel an Arbeitsträgern, wird häufiges Umstellen
von einem Maschinentyp oder von einer Geräteart auf eine
andere erforderlich sein. Die Anpassungs- und Übungsfähigkeit für dieses Umstellen hängt im hohen Maße von der allgemeinen Intelligenz ab. Die höchsten allgemein-intellektuellen
Anforderungen werden aber gestellt, wenn zu den konstruktiven Arbeiten des Konstruktionsingenieurs noch Führungs-
aufgaben hinzutreten.

Willenshaltung. Obwohl auch diesem Punkt große
Bedeutung zukommt, soll er nur kurz gestreift werden.

Die äußerlich verhältnismäßig monotone Geistesarbeit
verlangt Ausdauer von allen konstruktiv Tätigen, Wider-
standskraft, Geduld, also hauptsächlich »passives« Wollen.
»Aktives« Wollen, wie Initiativkraft, Unternehmungsgeist,
wird außerdem noch von den auf höheren Stufen stehenden,
selbständigen Konstruktionsingenieuren gefordert.

Charakterliches Verhalten. Vorhandensein oder
Nichtvorhandensein gewisser charakterlicher Eigenschaften
wird von der konstruktiven Arbeit eindeutig gefordert. Es
werden verlangt: Gründlichkeit, Sorgfalt, ästhetische Sauber-
keit, Zuverlässigkeit und Gewissenhaftigkeit.

Oberflächlichkeit und Flatterhaftigkeit machen die Arbeit
an verantwortlichen Unterlagen aus technisch-sachlichen und
politischen Gründen unmöglich.

Temperament. Die konstruktive Arbeit stellt auch
qualitative Anforderungen an das Temperament, die aber je
nach der besonderen Arbeit betragsmäßig verschieden gelagert
sind. Verlangt wird in der Hauptsache gleichmäßig-ruhige
Temperamentlage. Abgelehnt wird sowohl bequemes, be-
schauliches Temperament, da dieses im gesteigerten — heute
üblichen — Tempo versagt, als auch zerfahrenes, nervöses
Temperament, das rasch ermüdet.

Zur Technik des Konstruierens im weiteren Sinne gehört auch die Angabe der Möglichkeiten der Schulung der einzelnen psychischen Fähigkeiten. Mit der Begabung allein ist noch nichts gemacht; erst durch Übung bis zur Virtuosität können die vorhandenen Beanlagungen restlos nutzbar gemacht werden, kann aus dem scheinbar nur »guten« Konstruktionsingenieur schließlich doch der »geniale« Ingenieur sich entwickeln.

Während die verworrene Begabungshypothese der Werbebestrebungen der letzten Jahre keine positiven nachwuchswerbenden Wirkungen zustande bringen konnte, ist die Gefahr nachdauernder negativer Wirkungen noch nicht gebannt. Sie besteht in bezug auf den Nachwuchs insofern, als der frühere ziemlich voraussetzungslose Zustand für die konstruktive Tätigkeit durch die scheinbar durch Erfahrung bestätigte außerordentlich einengende Begabungsbedingung „schöpferisch" ersetzt wurde. Die Verwirrung der Öffentlichkeit durch falsche Vorstellungen über die Voraussetzungen erfolgreicher konstruktiver Arbeit war in folgenschwerster Weise erheblich gesteigert worden. Wenn es nämlich wahr wäre, daß für das Konstruieren vor allem Begabung erforderlich und Wissen Nebensache sein sollte, dann hätten Absolventen höherer technischer Schulen, soweit sie sich ein gründliches Wissen erworben haben, in Konstruktionsbüros nichts zu suchen. Dann brauchten auf eine Konstruktionsausbildung an den Schulen keinerlei Anstrengungen gerichtet werden, dann reicht der Kreis der Botenjungen des Unternehmens zur Nachwuchsgewinnung vollständig hin. Dieses letztere Verfahren hat als Notlösung vorübergehend seine Berechtigung. Es darf aber daraus kein System gemacht werden. Es ist nach den Gesetzen der Wahrscheinlichkeit durchaus nicht anzunehmen, daß in Botenjungen, welche ohne jedes technische Interesse zufällig in einem technischen Betrieb eingestellt werden, durchschnittlich höhere konstruktive Begabungen verborgen sein sollten, als z. B. unter Hochschulabsolventen. Im Gegenteil, es müßte bei diesen, welche ihr Studium mit wesentlich mehr Überlegungsfähigkeit begonnen und bis zu Ende geführt haben, doch ein gewisses

ernsthaftes Interesse für technische Leistungen erblickt werden.
Daß bei gleicher Begabung — welche beim Konstruieren
selbstverständlich so notwendig ist, wie jede andere hoch-
wertige Arbeit auch ihre Begabung verlangt — der Hoch-
schulabsolvent konstruktiv mehr leisten wird, als der nur in
seinen freien Stunden sich selbst und daher stets nur lücken-
haft weiterbildende Angelernte, wird kaum von irgendeiner
Seite bezweifelt werden. Ausnahmen sind in beiden Gruppen
möglich.

Der Begriff »Begabung« ist also hier in seinen vernünftigen
Grenzen zu verstehen. Die Begabung des Erfindenkönnens
darf nicht als ausschließliche oder auch nur wichtigste Voraussetzung der konstruktiven Leistungsfähigkeit betrachtet werden. Sie ist nur die eine, sehr verschieden groß mögliche
Komponente neben der anderen, dem konstruktiven Wissen,
zu dessen Erlernen keine besondere irrationale Begabung gehört, und welches daher unschwer über einem gewissen Mindestwert gehalten werden kann. Die Technik des Konstruierens
ist keine Technik des Erfindens; sie befaßt sich ausschließlich
mit der rationalen Seite des Konstruierens. Manchen wird
zwar die irrationale Seite dieser schöpferischen Tätigkeit mehr
interessieren. Bei einer praktischen Tätigkeit kommt aber der
rationalen Seite zweifellos die höhere Bedeutung zu.

Die aus der wissenschaftlichen Beobachtung der Praxis
gewonnene Systematik der konstruktiven Tatsachen sowie die
sich darauf aufbauende Technik der konstruktiven Arbeit gestatten es, einen wesentlichen Teil der Ausbildung zum Konstruktionsingenieur in die Schule und in das Selbststudium
zu verlegen. Der Praxis, in deren Aufgabenkreis die Grund-
lagenschulung — zu welcher auch die konstruktive Vorausbil-
dung gehört — niemals einen organischen Bestandteil darstellen
kann, braucht nur mehr die Spezialisierung und die Ver-
feinerung der von der Schule mitgebrachten konstruktiven
Grundkenntnisse und Fähigkeiten aufgebürdet werden. Damit
ist eine bedeutende Entlastung und bessere konstruktive Ausnutzung ihrer als Anlerner im Konstruieren eingesetzten meist
konstruktiv besten Kräfte verbunden.

Die vorgelegte Technik des Konstruierens geht einen klar vorgezeichneten Weg. Es liegt aber im Wesen jedes von Menschen geschaffenen Systems, daß die Systemelemente willkürlich aus der Mannigfaltigkeit der tatsächlich vorhandenen Erscheinungen herausgegriffen werden müssen und daß der Umfang des Systems ebenso willkürlich ist. Das hier zur Anwendung gebrachte System scheint unter den mit den heutigen Erkenntnissen denkbaren, das natürlichste zu sein. Es lehnt sich an das durch Ausfragen von Konstruktionsingenieuren bewußt gemachte System an, welches in jenen beim Ablauf der Lösungsarbeit unbewußt zur Wirkung kommt. Da diese Erforschung psychologischer Vorgänge stark durch den Forschenden selbst beeinflußt wird, ist eine vollständige Deckung des bewußt gemachten Systems mit dem unbewußten nicht wahrscheinlich. Die Abweichungen sind aber, wie durch die Praxis bewiesen werden konnte, nicht sehr bedeutend, so daß die Annahme einer gemeinsamen Urtechnik des Konstruierens — unter Berücksichtigung der verschiedenen psychologischen Typen, welche dieses einheitliche Urbild fallweise verzerren — nicht sehr gewagt erscheint.

Die Technik des Konstruierens besitzt in der hier dargestellten Art, vermutlich ihre allgemeinste, also am häufigsten anwendbare Form. Selbstverständlich sind daneben aber noch andere, abweichende Formen denkbar. Sehr eigenwillige psychologische Extremfälle werden der allgemeinen Richtlinie im Laufe ihrer Entwicklung rasch entwachsen und werden Formen finden, welche für sie besser sind als die hier dargestellten. Diese Extremfälle dürfen als Vorgesetzte aber nicht in den Fehler verfallen, die für sie gültigen Formen anderen konstruktiv Tätigen, welche ganz andere Denk- und Willenstypen darstellen, aufzwingen zu wollen.

Die dargelegte Technik des Konstruierens geht auf langjährige Beobachtungen zurück. Sie hat ihre Entstehung nicht theoretischen Überlegungen zu danken, sondern ist in der Praxis des Konstruktionsbüros aus den dringendsten Tagesanforderungen heraus gewachsen. Da sie mitten aus der Ingenieurarbeit kommt, mag sie gewisse psychologische Lücken besitzen. Es wird der Zukunft vorbehalten bleiben, diesen ersten Entwurf einer Technik des Konstruierens — für den die anderen Arbeiten des Verfassers nur wenig Zeit ließen — zu verbessern und zu vervollkommnen. Die Veröffentlichung im gegenwärtigen Zustand wird dadurch gerechtfertigt, daß die deutsche Industrie schon lange auf die Hilfe einer Technik des Konstruierens wartet und daher schon aus diesem Anfang wird manchen Nutzen ziehen können.

XIV. Schrifttumsverzeichnis

1. F. Münzinger, Ingenieure. Springer, Berlin 1941.
2. E. Diesel, Phänomen der Technik. Reclam/VDI, Berlin 1939.
3. O. Ohnesorge, Schraubrill, Die Geschichte einer Erfindung. Verlag für Staatswissenschaften und Geschichte. Berlin 1937.
4. F. M. Feldhaus, Die Technik der Antike und des Mittelalters. Akademische Verlagsgesellschaft, Wildpark-Potsdam 1931.
5. H. Poincaré, Wissenschaft und Methode. Teubner, Leipzig 1914.
6. W. Hellpach, Schöpferische Unvernunft. F. Meiner, Leipzig 1937.
7. C. F. Jung, Psychologische Typen. Rascher, Leipzig 1938.
8. C. Volk, Entwerfen und Herstellen. Springer, Berlin 1905.
9. Leinweber, Passung und Gestaltung. Springer, Berlin 1942.
10. F. Redtenbacher, Geistige Bedeutung der Mechanik. Bassermann, München 1879.
11. G. Meyer, Erfinden und Konstruieren. Springer, Berlin 1919.
12. A. Riedler, Das Maschinenzeichnen. Begründung und Veranschaulichung der sachlich notwendigen zeichnerischen Darstellungen und ihres Zusammenhangs mit der praktischen Ausführung. 1. Auflage. Springer, Berlin 1896.
13. J. Weisbach, Lehrbuch der Ingenieur- und Maschinenmechanik, Vieweg, Braunschweig 1846.
14. C. Bach, Die Maschinenelemente. 12. Auflage. Kröner Verlag, Stuttgart 1920.
15. F. Reuleaux, Der Constructeur. 1. Auflage. Verlag Vieweg, Braunschweig 1861.
16. W. Kloth, Wartungsfreie Maschinen. TidL Bd. 23 (1942) H. 7, S. 119/120.
17. F. Kesselring u. I. Sihler, Leistungssteigerung und Konstrukteur. Z.VDI Bd. 86 (1942) H. 41/42, S. 617.

Verzeichnis der aus fremden Quellen stammenden Bilder

Bild 15, 16, 17, 18, 19 aus »Leonardo da Vinci«, Wessobrunner-Verlag, Berlin, 1941.
Bild 20, 21, 22 Aufnahme: Deutsches Museum für die »Technik des Konstruierens«.

XV. Sachverzeichnis